U0294001

头发养护与脱发防治190问

TOUFA YANGHU YU TUOFA FANGZHI 190 WEN

第 5 版

主　编　张君坦　　郑霄阳　　林忠豪

编　者　郑霄阳　　张君坦　　鲍　励

　　　　陈　玲　　林忠豪　　李明丽

　　　　黄珊珊　　朱佳萍

河南科学技术出版社

·郑州·

内容提要

本书在第 4 版的基础上修订而成,以问答形式详细介绍了头发养护与脱发防治的基本知识、具体方法和最新进展。全书分上、下两篇:上篇包括毛发与皮肤的关系,头发的理化特性与影响头发兴衰的因素,头发的正确梳理、清洗与各种保养方法;下篇介绍了脱发的原因与类型,全身性疾病与脱发,药物与脱发,斑秃、瘢痕性秃发、男性型秃发、先天性秃发及生理性脱发的表现、原因与治疗等。本书内容科学,方法实用,阐述简明,是一本融知识性、指导性和实用性于一体的医学科普读物,适合广大群众,特别是脱发患者和爱美的女士阅读参考。

图书在版编目(CIP)数据

头发养护与脱发防治 190 问/张君坦,郑霄阳,林忠豪主编. —5 版. —郑州:河南科学技术出版社,2023.6
ISBN 978-7-5725-1224-7

Ⅰ.①头… Ⅱ.①张… ②郑… ③林… Ⅲ.①头发—护理—问题解答②秃病—防治—问题解答 Ⅳ.①TS974.22-44②R758.71-44

中国国家版本馆 CIP 数据核字(2023)第 103517 号

出版发行:河南科学技术出版社
 北京名医世纪文化传媒有限公司
 地址:北京市丰台区万丰路 316 号万开基地 B 座 115 室 邮编:100161
 电话:010-63863186 010-63863168
策划编辑:杨磊石
责任编辑:杨磊石 艾如娟
责任审读:周晓洲
责任校对:龚利霞
封面设计:吴朝洪
版式设计:崔刚工作室
责任印制:程晋荣
印 刷:河南瑞之光印刷股份有限公司
经 销:全国新华书店、医学书店、网店
开 本:850 mm×1168 mm 1/32 印张:7·彩页 4 面 字数:135 千字
版 次:2023 年 6 月第 5 版 2023 年 6 月第 1 次印刷
定 价:38.00 元

编者的话

　　头发是人体的一部分,也是人体健美的标志之一,出于身心健康的需要,现代人都较为留意打理自己的头发。

　　然而,头发的兴衰、枯荣会受到生理、年龄、遗传、疾病、情绪、饮食、环境、药物等诸多因素的影响,有的人能保持一头乌黑靓丽的秀发,而有的人则头发稀疏、易脱落。脱发虽不是什么大病,但由于它对患者的情绪、心理影响较大,严重者甚至会导致其他身心疾病的发生,因此对脱发不可小觑。

　　为帮助脱发患者摆脱烦恼,我们在整理、总结多年治疗脱发经验的基础上,参考众多名家治疗脱发的佳法良方,编写了这本书。全书分上、下两篇:上篇从毛发的生理结构、生长规律着眼,详尽介绍了头发的营养、梳理、清洗、保健按摩、瑜伽等保养常识,以及洁发剂的选择、染烫发的利弊、假发套的选择等护发和美发的知识;下篇就各种常见类型脱发(如斑秃、男性型秃发、疾病性脱发、药物性脱发、瘢痕性秃发、先天性秃发、生理性脱发等)的表现、原因、防治措施等,详尽解答了脱发患者迫切需要了解的各种问题。我们希望书中介绍的内容能给脱发患者解疑释惑，成为真正的脱发患者之友。

《头发养护与脱发防治 150 问》第 1 版自 1997 年 5 月出版后，先后印刷 5 次；2008 年和 2013 年两次进行修订，以《头发养护与脱发防治 160 问》为名出版，累计印数 5 万余册，成为原军医版优秀畅销品种，深受广大读者欢迎。2017 年进行第 3 次修订，定名为《头发养护与脱发防治 180 问》。本书目前已累计印刷近 8 万册。由于时过境迁，书中的部分内容已显陈旧，在某些知识点上稍显局限，与现代生活中的头发养护观念、时尚美容护发的方式及方法、美容护发新产品及用法等存在一些距离。为此本次修订增加了白发的原因与防治等内容，并对书中的其他内容也进行适当增补、删改，全书亦增至 191 问，故书名亦做了更改。希望此次修订能更好地为脱发患者排忧解难，为需要美发护发的读者开启美的历程。

2022 年 10 月

目 录

上篇　头发的生理与养护

下篇　头发的脱落与防治

上篇
头发的生理与养护

一、毛发与皮肤的关系

俗话说,皮之不存,毛将焉附? 毛发作为人体皮肤的附属器,它的发生、发展与皮肤息息相关。要理解人体毛发的生理、病理状况,就必须从皮肤谈起。

1. 皮肤的外观与结构是怎样的?

皮肤位于人体的表面,是人体的第一道防线,具有十分重要的功能。如从重量和面积来看,皮肤是人体的最大器官,其总重量约占体重的16%;皮肤的面积,在成年人为1.5~2平方米,新生儿约为0.21平方米。

用肉眼观察皮肤,看到的是许多微细的皱纹和深浅不同的沟纹。深的沟纹把皮肤分隔成不同形状的皮区,有的像三角形,有的则像多边形。手掌、手腕、脖子等灵活多动部位的皮肤沟纹既深又明显,分隔的皮区也较明显。

如果用放大镜观察皮肤,我们可以看到,皮肤的表面是由许许多多的“小嵴”(即隆起部分)和“小沟”(即凹下去的部分)构成的。在皮嵴上有许多凹陷小孔,这就是排汗的汗孔。除手掌、脚掌、口唇、龟头、小阴唇等部位外,人体的大部分皮肤上都能看到长毛的开口,这就是毛囊口。

在显微镜下,人体的皮肤是由表皮、真皮和皮下组织这三部分组成的(图1)。

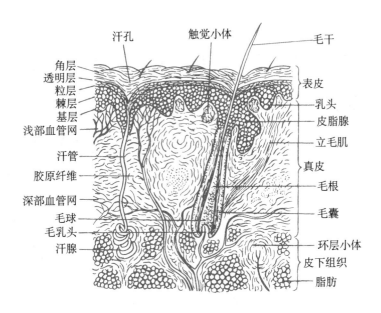

图1　皮肤、毛囊的结构

汗孔　触觉小体　毛干

角层　透明层　粒层　棘层　基层　浅部血管网　汗管　胶原纤维　深部血管网　毛球　毛乳头　汗腺

表皮　乳头　皮脂腺　立毛肌　真皮　毛根　毛囊　环层小体　皮下组织　脂肪

　　位于皮肤最外层的叫作"表皮",它是由数层一个紧挨一个的排列致密的细胞组成。表皮内没有神经及血管。

　　表皮下面是真皮层,真皮与表皮的界限呈波浪形。真皮内有各种纤维组织、血管、淋巴管、神经和皮肤的附属器。在手指端、乳头、龟头及阴蒂等处,真皮中感觉神经末梢、毛细血管的含量较为丰富。

　　位于真皮下面的就是皮下组织,也叫脂肪层,其厚薄程度与人的营养状况、性别、年龄及部位等有较大关系。人的胖瘦与否主要取决于皮下脂肪的多少。

2. 毛发的外观与结构是怎样的？

毛发是皮肤的附属器，为一种长圆柱状角质结构。其露出皮面的部分称为"毛干"；埋在皮肤内的部分称为"毛根"；毛根末端膨大呈葱头状，称为"毛球"（图1）。

毛发分布很广，几乎遍及全身，仅掌、跖、指（趾）屈面、指（趾）末节伸面、唇红区、龟头、包皮内面、小阴唇、大阴唇内侧及阴蒂等处无毛。

毛发通常可分为硬毛与毳毛两种。硬毛粗硬，颜色较深，还可分为两种：一种叫长毛，如头发、胡须、腋毛、阴毛等；另一种叫短毛，如眉毛、睫毛、鼻毛、耳毛等。毳毛细软，颜色淡，主要见于面部、四肢及躯干。

通过显微镜，我们从毛发的横断面上可以看到，毛发是由髓质、皮质和毛小皮构成的。髓质是毛发的中心部分，由2～3层立方细胞构成。皮质是毛的主要组成部分，由几层菱形上皮细胞构成。在有色的毛发中，黑素即存在于此细胞内。毛小皮位于毛发的最外层，又称"角质膜"，由一层互相连叠的角化细胞构成。

3. 毛囊的结构是怎样的？

人体的每一根毛发，均来源于表皮的凹陷处，即毛囊（图1）。毛囊系由皮肤转变而来的，它包围着毛根。毛囊上附着立毛肌，并与皮脂腺相连，大汗腺也开口于毛囊。

毛囊由上皮性毛根鞘及结缔组织鞘所构成。上皮性毛根鞘的细胞起源于表皮，结缔组织鞘起源于真皮。

上皮性毛根鞘是由皮肤的表皮层下凹深入真皮、皮下脂肪层而成,作为表皮的延续部分而包绕毛发,由内向外依次分为鞘小皮、内毛根鞘和外毛根鞘。

鞘小皮与毛根部的毛小皮犬牙交错,紧密相合,将毛发固定在毛囊内。内毛根鞘由毛球的下部细胞所形成,只在皮脂腺开口以下部位才存在。外毛根鞘由表皮细胞向下延续而来,在皮脂腺开口以上部位,外毛根鞘内无内毛根鞘,外毛根鞘直接与毛发相邻;在皮脂腺开口以下部位,外毛根鞘则与内毛根鞘相邻。

结缔组织鞘包绕着外毛根鞘,由结缔组织构成,与真皮层结缔组织无明确界限。

在皮肤内有一种细致的平滑肌束,它一端附着于真皮层,另一端插入毛囊的结缔组织鞘内,它受交感神经的支配。这种平滑肌细胞一收缩,会使毛干竖得更直一些,在人的皮肤上会出现"鸡皮疙瘩"。这种平滑肌就称为"立毛肌"。

4. 头皮屑产生有哪些原因?

生理性头皮屑的产生是一个生理过程,是人体整个外表皮肤的角质层鳞屑陆续不断脱落的一个部分。正常表皮基底细胞的分裂周期为12~19天;分裂后形成的角朊细胞由基底层移行至颗粒层需14~42天,从颗粒层再移至角质层表面并脱落又需约14天;因此,正常表皮更新时间为40~75天(包括基底细胞分裂周期12~19天和表皮通过时间28~56天)。头皮细胞的生长速度较快,从生成、移行、角化到脱落整个过程通常需要1~2个月。在头皮部,由于头发的存在,正常的皮屑脱落过程有点阻碍，角蛋白薄片有时会保留在发干间。但由于脱落的角质细胞正常时相互分离，这些细胞肉眼是看不见的。

病理性头皮屑是在某些状态下，头皮细胞生长过程明显加快，并以更快的速度迁移至头皮表面。部分头皮细胞在未完全成熟即角化不全的情况下，出现成块脱落，形成肉眼能见到的头皮屑。

头皮屑多见于成年人，可能与雄激素的刺激作用和较高的皮脂腺活性有关。所以，脂溢性皮炎患者更容易出现头皮屑，这是因为在油腻性的头皮上，鳞屑常与灰尘、脱落的角质细胞等粘在一起。

精神上的压力也可以引起头皮屑增多，临床上很常见。当生活、感情上出现紧张、危机，或者与上级、同事发生争吵、冲突以及其他原因引起心情不佳时，头皮屑会突然增多。精神压力引起头皮屑增多，可能与头皮功能紊乱导致血管运动中枢功能和交感及副交感神经功能失调，局部环境改变有关。

也有人认为，头皮屑的过度形成，是因为头皮的真皮层细胞分裂加快，从而促进头皮表皮层的脱落增加，并指出某些微生物尤其是糠秕孢子菌的感染可能是引起真皮细胞分裂加快的主要原因。

糠秕孢子菌是表皮上的正常寄生菌，属嗜脂性的酵母菌。青春期皮脂分泌增加，令糠秕孢子菌有良好的生长、繁殖的环境，于是大量增加，严重时还会引起局部炎症。所谓的糠秕孢子菌的感染就是指这种状况。

5. 出现头皮屑应如何处理？

近60%成年人有头皮屑的问题。由于青春期皮脂分泌旺盛，糠秕孢子菌大量增加，因此年轻人更容易出现头皮屑。基于美容的角度，头皮屑确实不雅。这种鳞片一样的东西，散落在头发里或肩头上，有时会影响人的社交活动。

出现了头皮屑，可以采取如下方式进行处理：

（1）缓冲精神压力，保持精神愉快，并尽量使头皮部避免各种机械性刺激，也是减少头皮屑的有效措施。

（2）用洗发香波清除头皮屑是一个简便的方法。洗发香波作为洁发剂，自然能起清洁作用，应少用热水加肥皂洗头，以免刺激、损伤头皮，反而增强了皮脂腺的分泌功能，促使头皮屑增加。

（3）调整饮食结构对减少头皮屑有一定的帮助。应尽量避免高脂饮食，尤其是减少进食动物脂肪的食物如奶油、黄油、乳酪等。饮酒和吃辛辣的刺激性食物会使头皮的毛细血管扩张，从而增加头皮屑的产生。应多吃蔬菜、水果。

二、头发的理化特性

6. 头发是由哪些化学成分组成的？

头发是一种由完全角化的角质细胞所形成的天然高

分子纤维。角质细胞内充满着由多种氨基酸组成的角蛋白,其中以胱氨酸的含量最高,可达 15.5％。不过,头发中的角质细胞已丧失了活动能力,几乎没有任何生理功能。

头发中含有多种微量元素,可检测到的就有 20 种以上,如铁、铜、碘、氟、硒、锌、砷等。这些元素的含量大大高于血、尿中的浓度。同时,头发中还含有血型物质。

由于头发是角蛋白物质,所以大自然几乎不能把头发毁灭。已有 2000 多年历史的古埃及人,尸骸被发掘出来时,有些只剩下一堆尘土及一两根骨头,未用药泡制过的肉身不能长久保存,而未用药泡制过的头发却多数依然存在。于是,头发便有了其多方面的特殊作用,如通过检测头发,可鉴别污染、诊断疾病、测定用药量、检测血型等。

1972 年,湖南省长沙市马王堆出土了一具西汉女尸,轰动了国内外。这具古尸埋藏了 2100 多年,但保存相当完好。古尸外形完整,皮肤覆盖完整。头发附着比较牢固,稍用力牵扯还不致脱落。法医用这具古尸的头发测定其血型,结果证实这具女尸的血型是 A 型。

1874 年,拿破仑被俘流放,最后死在圣赫勒拿岛上。拿破仑的死因,百余年来争论不休,多数人认为是暴力或癌症。到了 20 世纪 60 年代,科学家对其头发进行检测,发现其头发中含有比正常人高 40 倍的砷元素,证实拿破仑的真正死因是汞中毒。

今天的医生还可以根据头发中金属元素或非金属元素的含量,来帮助诊断某些疾病。如身材矮小、食欲缺乏,甚至有异食癖的儿童,其头发中的含锌量往往较正常儿童低;患有冠心病的老年人,其头发含钙量比正常人低60%～70%;患有精神病的人,其头发中锰、镉的含量都低于正常人;克山病患者的缺硒,水俣病是汞中毒所致等,都可以通过检测患者的头发协助诊断。

7. 头发的颜色有几种?

人类头发的天然颜色因地域、种族、遗传、饮食习惯的不同,差别较明显。一般来说,白种人的头发多数是棕色或淡黄色;黑种人的头发多数是深褐色;黄种人黑色发较多,但还有深浅的不同,黑色浅至极则成为白发。中国人中偶见有红发者,但并不一定是"混血儿",因为中国人自古就有红头发者,《水浒传》中的"赤发鬼"刘唐,就因其长有一头红发而得此诨名。

人类头发的颜色如身高、体重、肤色、瞳孔颜色一样,存在着个体差异。头发颜色的形成和变化,主要是头发构成的成分组合在起作用。它受所含色素的量、有否空气泡及毛表皮构造等因素的影响。

毛发根部的毛球细胞并不含黑素,但毛球上方的细胞由毛母质推移而来,其丝状分裂很少且含有色素。毛乳头顶面邻接毛球之处有许多大细胞,是随毛胚由表皮来的树枝状色素细胞,其树状突起分散伸出到毛皮质、髓质的未分化细胞之间,产生的黑素顺着突起移交给所到达的细胞,使毛皮质、髓质都有了色素。

人的毛发以皮质为主,内贯少许髓质,故毛发黑色的深浅主要决定于皮质中黑素的量及其细胞内外存在的气泡。皮质中黑素越多,细胞之间气泡越少,头发颜色就越黑;反之,黑素量少、气泡多,由于空泡产生光的反射,使毛发的颜色变淡以至成白发。

科学研究已证实,头发的颜色同头发组织中所含金属元素量也有一定的关系。含有等量的铜、铁和黑素的头发呈黑色;含镍量过多的头发呈灰白色;含钛量多的头发呈金黄色;含钼多的头发呈赤褐色;含铜和钴多的头发呈红棕色;含铜过多的头发呈绿色;含铁过多或严重缺乏蛋白质的头发呈红色,可见,头发的颜色除与种族遗传因素有关外,还与人体素质及饮食营养有密切关系。

8. 头发为什么会有曲直的差异?

与头发的颜色一样,人类头发的天然形状因地域、种族、遗传、饮食等的不同,差别也较明显。白种人多数是波状发,黑种人多数是卷曲发,黄种人多数为直发。

一般来说,发干形状与发干断面形状有一定联系,波状发断面为椭圆形,卷曲发断面为扁圆形,直发断面为圆形。当然这种分类仅是一般而言,黑种人也有波状发,白种人也有直发,黄种人也有波状发、卷曲发。

细胞的排列方式受遗传基因的控制,它决定了毛发的曲直、形态。头发各种形状的形成,主要也是头发构成的成分组合的内因作用。毛发的卷曲,一般认为是和它的角化过程有关。凡卷曲的毛发,它在毛囊中往往处于偏心的位置。也就是说,根鞘在它的一侧厚,而在其另一侧薄。靠近薄根鞘的这一面,毛小皮和毛皮质细胞角化开始得早;而靠近厚根鞘这一面的角化开始得晚,角化过程有碍毛发的生长速度。于是,角化早的这一半稍短于另一半,结果造成毛发向角化早的这一侧卷曲。

另外,毛皮质、毛小皮为硬蛋白(含硫),髓质和内根鞘为软蛋白(不含硫),由于角化蛋白性质不同,对角化的过程,即角化发生的早晚也有一定的影响。如果是三个毛囊共同开口于一个毛孔中,或一个毛囊生有两根毛发,这些情况都可能使头发中的角化细胞排列发生变化,形成卷曲状生长。

烫发使头发变得卷曲,则是人为地迫使头发细胞发生排列重组之故。

9. 头发的粗细与哪些因素有关?

头发的粗细不仅存在着个体差异,而且在同一人的一生中也会发生变化。胚胎 3 个月后,头发即开始生长;出生时,胎毛脱落,而头发则继续生长且变得粗壮;成年后的头发则变得更粗壮,每根头发的直径为 0.05～0.1 毫米;上了年纪后,头发可由粗变细,这更多见于男性型脱发患者。

头发的粗细还与种族有关,一般来说,黄色人种的头发较白种人的粗,也较白种人不易秃发。而营养、代谢等对头发的色泽、曲直、粗细也有一定影响。蛋白质缺乏时,毛发稀、细、干燥、发脆、无光泽、卷曲易脱。

10. 人的发质有几种?

正像面容、身段、肤色一样,头发也是引人注目的部位。从外观上不难发现,人的发质不尽相同,有的人头发呈油性,有的人则呈干性。一般来说,人的发质可以分为以下几种。

(1)油性头发:此型头发油腻发光,似搽油状,发干直径细小而显得脆弱。虽然较多的皮脂可以保护头发,使其不易断裂,但细发所需头皮脂覆盖的总面积较小,因此皮脂供过于求,头发常呈油性。油性头发的人,其头部皮脂腺较丰富且分泌较旺盛。

(2)干性头发:此型头发皮脂分泌少,没有油腻感,头发表现为粗糙、僵硬、无弹性、暗淡无光,发干往往卷曲,发梢分裂或缠结成团,易断裂、分叉和折断。

日光暴晒、狂风久吹、空气干燥、强碱肥皂等,均可吸收、破坏头发上的油脂并使水分丧失。含氯过多的游泳池水及海水,均可漂白头发,导致头发干燥受损。

(3)中性头发:此型头发柔滑光亮,不油腻,也不干枯,容易吹梳整理。这是健康正常的头发。

(4)混合性头发:此型头发干燥而头皮多油,或为同一根发干上兼有干燥及油腻的头发,常伴有较多的头皮屑。这型头发较多见于行经年龄的女性。

(5)受损发质:此种头发主要由烫、染不当造成,摸起来有粗糙感,发尾分叉、干焦、松散不易梳理。据调查,受损发质由于香波(洗发精)选择不当造成者约占 25%。

要想知道自己的头发属哪种类型的发质,简单的辨别方法是:在洗头的翌日观察头发,如果看起来软塌塌的,摸起来油油的,就属油性头发;如果头发柔顺,便属于其他型发质,再细分并不难。

三、影响头发兴衰的因素

与某些低等动物的"换毛"不同，人类的头发似乎在一年四季中没有多大的变化。但实际上，人类的头发在一生中要经历盛衰枯荣的多次反复。

每根头发都有各自的生长周期，彼此间，有的在生长，有的则处于休止脱落期。只是每天头发的脱落与新生保持着动态平衡，使得头发的总数量大体保持不变。头发的生长与脱落主要受内在固有的规律控制，但也受其他因素的影响。

11. 为何人类的头发较长？

随着人类的进化，人类身体上残存的毛发虽然几乎无处不在，但多稀疏、细短，为数不多。和类人猿相比，明显可见人类的体毛退化了，可人类的头发则生长茂密。与白色、黑色人种相比，黄色人种头发长得长，蒙古人特别是女性的头发往往可超过身高。据 2004 年 5 月 8 日测量的结果，我国广西壮族自治区荔浦县谢秋萍的头发长 5.627 米，为世界第一长发女。

为何人类的头发较长呢？

长头发或许可起到保护头部的作用，可以防护外力、气候变化对头部的不良影响。不过应当指出，人类头发之所以较长，并非出于这种原因。以类人猿为例，虽然也有毛发向头部集中的倾向，但是没有一种类人猿的头发是长的。

通过观察,在野生动物中很少有仅在身体某一局部生有长毛的,而身体局部生有长毛的现象,常见于家畜化了的动物。家饲的马鬃毛皆长,而野马、斑马的鬃毛非常短,且近额处无鬃;家养的波斯猫毛较长,而野猫的毛则不像波斯猫的那样长。

这种现象可以解释为,毛发的生长是受动物体内激素分泌影响的,动物在家畜化的过程中,激素的分泌状况发生了变化,从而导致毛发生长的变化。人类的头发似乎也可以与动物的毛发变化相类比,这是因为,人类可以看作是"社会饲养"的一种驯化动物。

12. 头发的生长周期是怎样的?

众所周知,头发要是不剪,就会越长越长。据测定,头发的生长速度是每天 0.27～0.4 毫米。按此计算,头发 1 个月约长 1 厘米,一年为 10～14 厘米。如果按照这样的速度生长,婴儿从出生到 10 岁时,头发至少有 1 米长;到 20 岁时,将长到 2 米。然而,事实并非如此,头发并不是一个劲地长,而是有一定的生长规律,这就是头发的生长周期。

头发的生长周期可分为生长期、退行期和休止期三个阶段(图 2)。头发的生长期为 2～6 年,退行期 2～3 周,休止期约 3 个月。正常人总数约 10 万根头发中,生长期头发占 85％～90％,退行期占 1％,休止期占 9％～14％。处于休止期的头发在洗头、梳头或搔头皮时,将随之而脱落。

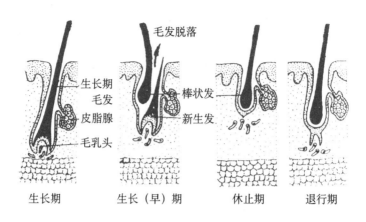

图 2　头发的生长周期

正常人平均每天脱落 20～100 根头发,因此人们不必担心头发会长过自己的身体。不过也有极少数人的头发长得很长,甚至超过自己的身体。这是由于他(她)的头发生长周期达到 15～20 年,超过一般人头发生长周期的 3～4 倍所造成的。蓄长发达 2 米以上的人,其头发生长周期长达 25 年,这是较罕见的现象。

头发在一年四季中基本上没有太大的变化,这是因为每根头发都有其各自的生长周期。虽然每天都有头发脱落,但每天也有新发萌出。头发的脱落与萌生保持着动态平衡,使头发的总数量大体不变。这点与某些低等动物不大相同,那些动物全身所有毛发的生长周期基本上是同步的,呈现出了一种同一时期生出、同一时期脱落的"换毛"现象。

13. 头发是怎样生长的？

头发的发生是与毛囊分不开的,毛囊的存在是保证头发生长更换的前提。

在生长期,毛囊功能活跃,毛球底部的细胞分裂旺盛,分生出的细胞持续不断地向上移位,供应给毛发的本体和内根鞘,保证毛发的生长。当头发生长接近生长期末时,毛球的细胞停止增生,毛囊开始皱缩,头发停止生长,这就是退行期。

在休止期,头发各部分衰老、退化、皱缩,毛发行将脱落。与此同时,在已经衰老的毛囊附近,又形成一个生长期的毛球,一根新发又诞生了。

14. 影响头发生长的因素有哪些？

头发的生长与脱落主要受头发本身的生长期的控制,但也受其他因素如种族、遗传、内分泌、疾病、精神状况、性别、年龄、季节等因素的影响。

(1)种族:种族的差异是一种较明显的现象,不同种族的人,不仅头发的颜色不同,头发的多少和生长情况也有差别。秃头在白种人中十分常见,在中国人中就较少,而在印第安人中则更为罕见。

(2)遗传:在同一个家庭中,头发的生长状况往往大体一致。男性型秃头与遗传有密切关系。

(3)内分泌:雄激素可直接作用于头发的毛囊,导致男性型秃头。缺少雄激素刺激的人(如太监),就不会发生这种现象。雌激素具有对抗雄激素的作用,所以女性在绝经期之前很少出现秃头。甲状腺激素不足时头发稀少，肾上腺功能低下时毛发减少，腺垂体功能减退可致毛发全秃。

（4）精神状况：紧张、恐惧、忧虑等可使头发脱落明显增多。据报道，有一个死刑犯在宣判后每天脱发 1000 多根。

（5）维生素：长期缺乏维生素 A 可致头发稀少；缺乏维生素 B_2 可出现皮脂溢出增多，头发易脱落；维生素 B_6 缺乏可引起皮脂分泌异常，口服避孕药可加快新陈代谢，消耗更多的维生素 B_6，有些女性弥漫性脱发可能与此有关。此外，维生素 B_6 能影响色素代谢过程，缺乏时毛发可变灰、生长不良；泛酸（又称维生素 B_3）缺乏时可使头发变白、生长不良；肌醇属于 B 族维生素，它能防止头发脱落；生物素缺乏时可使毛发脱落；对氨苯甲酸也属于 B 族维生素，它能保护头发色泽，维持头发的正常生长。

（6）微量元素：有学者观察了头发中微量元素锌、铁、钼、钙、铅、镁、锰及硒值的变化，发现脱发患者铜、铁、锰值显著降低，而钙、镁、硒值显著增高，不典型脱发者各元素值无显著差异。缺铜会影响铁的吸收和利用，铁代谢不良会出现贫血、精神激动等症状，后者可为斑秃的促发因素，缺铜还会影响毛发的角化过程，从而影响头发生长；钙通过与调钙蛋白结合而发挥作用，钙浓度高可能改变中枢神经免疫调节控制功能，从而导致脱发；硒的过量可因自身免疫性反应及头皮脂溢出增加而致脱发。

（7）疾病：某些全身性疾病，如发热性疾病、贫血、营养不良、肝病和严重的慢性消耗性疾病，往往可导致头发稀疏。

（8）性别和年龄：女性头发生长比男性快，年轻人比老年人快，但这种差别不是很大。随着年龄的增长，头部毛囊数量的减少比较显著。据统计，按每平方厘米的毛囊数计算，20－30 岁为 615 个，30－50 岁为 485 个，80－90 岁为 435 个。

（9）其他因素：头发在夏天的生长比冬天略快，这是因为气温的升高，可促进代谢旺盛，导致头发生长加快之故。头发在白天比夜间的生长稍快。X 线可控制毛囊基质中的硫氢基化合物，从而引起暂时性脱发。某些化学因素如铁能影响角化形成，可能干扰胱氨酸参与角蛋白的组成，从而影响毛发生长。紫外线、药物、创伤、慢性炎症、皮肤病、局部按摩刺激等，对头发的生长与脱落也有一定的影响。

15. 头发生长与蛋白质有何关系？

不难理解，健康的头发有赖于全身的健康，而健康的身体离不开营养。如果把头皮当作花园，头发当作花草、树木，那么头皮需要耕种，头发需要养分。

头发的正常生长有赖于：毛乳头内有供应头发营养的血管；毛乳头周围的毛母角化细胞分泌角朊和硬蛋白质而合成头发，使头发生长茂盛；毛母色素细胞分泌黑素，合成色素颗粒，并充盈毛干，使头发乌黑。显然，如果头发得不到各种必需的营养，就会枯焦、稀疏、脱落和早白。

据分析，头发成分中 97％是蛋白质，头发的生长需要一定量的含硫氨基酸,而这种氨基酸人体并不能合成,必须由摄入的蛋白质来提供。假如人们每天蛋白质的摄入量少于50克,就会造成人体蛋白质的严重缺乏,这势必影响头发的生长。

能说明蛋白质与头发生长有关的最典型例子,要数发生在非洲黄金海岸地区土著民族儿童的一种恶性营养不良病,得这种病的儿童,其头发明显减少,而且干、脆、无光泽、易拔脱,从正常的黑色变为淡红色或白色。当患儿的营养状况改善时,头发则很快变黑。但营养再度缺乏时,头发又很快变白。于是,同一根头发上就会出现像"斑马线"一样的黑白相间的颜色。这种现象也见于患溃疡性结肠炎或做部分肠道切除术而引起蛋白质摄入不足的患者。

16. 中医是怎样论述毛发的?

在我国医学宝库现存成书最早的一部医学典籍《黄帝内经》里,就有多处关于毛发和发病的记载:"发为血之余。""肾者,其华在发,其主在骨。""肺者,其华在毛,其主在皮。"中医学中这些有关毛发的经典理论,说明精、气、血和脏腑与毛发有密切的联系。

(1)毛发与血的关系:中医学认为,血的生成于先天之精,出生之后,血液的生长则源于后天之饮食水谷。经脾胃消化后,取其精微部分,和津液结合,再经肺的气化而成血。血营养全身组织和器官,同样也对肌肤、毛发起营养作用。血的运行,必须在气的推动下,上注于肺,行于经脉之中,均匀地分布于全身。"发为血之余"说明毛发与血之间的重要关系。年少时气血充盛，头发茂密且乌黑光亮。年老则气血不足，肾气虚衰，毛发乃变得苍白、枯槁、稀疏且脱落。明朝李梴在《医学入门》中说："血盛则发润，血衰则发衰。"即表达毛发和血的盛衰的密切关系。明朝王肯堂在《证治准绳》中也指出："血盛则荣于发，则须发美；若气血虚弱，经脉虚竭，不能荣发，故须发脱落。"因此，当各种原因致使血分病变时，如血热、血燥、血瘀、血虚等，均可引起各种毛发的疾病。

（2）毛发与肾的关系：毛发的营养虽来源于血，其生机实根于肾。肾为先天之本，是藏精之脏。不仅藏先天之精，还藏五脏六腑水谷化生之精气，即后天之精。能滋养脏腑和人体全部组织，是维持生命和生长发育的基本物质。头发的盛衰和肾气是否充盛，关系非常密切。《素问·上古天真论篇》云："女子七岁，肾气盛，齿更发长；二七而天癸至，任脉通，太冲脉盛，月事以时下；三七，肾气平均，故真牙生而长极；四七，筋骨坚，发长极，身体盛壮；五七，阳明脉衰，面始焦，发始堕；六七，三阳脉衰于上，面皆焦，发始白……丈夫八岁，肾气实，发长齿更；二八，肾气盛，天癸至，精气益盛，阴阳合，故能有子；三八，肾气平均，筋骨劲强，故真牙生而长极；四八，筋骨隆盛，肌肉满壮；五八，肾气衰，发堕齿槁；六八，阳气衰竭于上，面焦，发鬓斑白；七八，肝气衰，筋不能动，天癸竭，精少，肾藏衰，形体皆极；八八，则齿发去。"这阐明了头发随着人的一生，从童年、少年、青年、壮年、老年的演变，均和肾气的盛衰有直接和密切的关系，也就是《素问·六节脏象论》中"肾者……其华在发"之含义。体内肾气的盛衰，在外部的表现,能从头发上显露出来。再进一步剖析肾和毛发的关系主要为肾中的精气,对毛发的生理作用上。肾藏精,精生血,说明血的生成,本源于先天之精,化生血液以营养毛发。人的元气根源于肾,乃由肾中精气所化生。元气为人体生命运化之原动力,能激发和促使毛发的生长。

(3)毛发与肺的关系:肺主气,朝百脉,主宣发。气是人体赖以维持生命活动的重要物质。"肺主气"是说整个人体上、下、表、里之气,均为肺所主。供养毛发,维持其正常生长之气,是通过肺朝百脉来实现的。人体百脉均会合于肺,在呼吸过程中,全身血液均须通过肺脏。《素问·六节脏象论》谓:"肺者,其华在毛。"华就是外在表露之意。这说明,肺功能的盛衰,可从毛发的荣枯来推断。《素问·阴阳应象大论》说:"肺生皮毛。"是说人的皮毛乃由肺的精气所滋养。"肺合皮毛"是说肺与体表之毛发相合之意,这是一种内脏和体表组织有相关的联系,皮毛具有宣发肺气的作用。

(4)毛发和脾的关系:脾的主要功能有两种,就是运输和消化。把吃进的饮食,由脾胃共同进行消化成水谷精微。由脾将这种消化后的营养精华物质吸收,再由脾气运输至各部位,以滋养全身的组织和器官。和毛发生长发育有密切关系的血和肾,也有赖于这种水谷精微的滋养。当脾的运化功能旺盛时,毛发能得到充盛的滋养而生长旺盛。如脾失健运,使气、血、精的化生不足,毛发失养,就会枯槁、脱落。《素问·宣明五气篇》谓:"五脏所藏……脾藏意。"意就是意念,是一种思维活动。所以思虑过度能伤脾，影响脾的运化功能，因而也影响毛发的正常生长和发育。

（5）毛发与肝的关系：肝主疏泄，是指肝具有疏散宣泄的功能。肝和人的情绪有关，肝气宜舒畅条达，使人气血平和。如果因情绪不佳，导致肝失疏泄，就能出现肝气郁结和气郁不舒，血无以帅，滞而为瘀，致使气血瘀滞，发失所养而枯槁脱落。王清任在《医林改错》中写道："……不知皮里肉外，血瘀阻塞血路，新血不能养发，故发脱落。无病脱发，亦是血瘀。"

（6）毛发与心的关系：《素问·痿论》说："心主一身之血脉。"《素问·六节脏象论》指出："心者……其充在血脉。"综上说明，心主全身的血脉，同时心又是血液运行的动力，故心与血的关系密不可分。

心的另一个重要功能是心主神明。《素问·调经论》说："心藏神。"这里的"神"是指高级中枢神经的功能活动，这些功能由心主持控制，即中医所说的"心主神明"。前人认为，心的功能包含中枢神经系统的功能在内。心血是人体循环血液的主要组成部分。心血不仅能营养周身组织，也是心的神志活动的重要物质基础。如心血虚损，可伤及心神，而出现心悸、健忘、失眠和多梦，这和现代的贫血症状相符合。血虚可导致发失濡养，使毛发枯焦脱落。

五脏虽各有所主，但是，脏腑之间互有关联和影响，既可相互配合，又可彼此制约，使之成为一个完整统一的有机整体。毛发的生长、荣萎与精、气、血、脏腑和经络均有关系，其中任何一个环节发生障碍，均能致使毛发病变。

17. 哪些食物可以滋养头发？

头发浓密、乌黑、有光泽，表明头发的营养状况良好；反之，头发稀疏、枯黄、无光泽，则说明头发的营养欠佳。头发的生长除了需要足够的蛋白质外，还需要一定量的碘和各种维生素及微量元素等。因此，要保证头发的营养，应多吃富含这些营养物质的食物。

（1）富含蛋白质的食物：包括豆制品、奶制品、鱼类、肉类、蛋类等。这些食物经胃肠的消化吸收，可形成各种氨基酸，进入血液后，由发根部吸收。每天摄取足够的蛋白质，可促进头发生长，润泽秀发。

（2）富含碘及微量元素的食物：含碘的海带、紫菜，含钙、铁、钾的海藻类食物，含铜的动物肝脏、粗粮、坚果、大豆、马铃薯、蘑菇、苹果等，含铁的各种瘦肉、蛋黄、木耳、蘑菇等，富含碱性无机盐（钙、镁、钠、钾等）的绿色蔬菜。这些食物中含有的营养元素可保持头发的健康，使头发乌黑亮泽。

（3）富含维生素的食物：含维生素 A 的胡萝卜、菠菜、莴笋叶、杏仁、核仁、芒果等，含 B 族维生素的新鲜蔬果、全谷类食物、大豆、麦芽、大米、啤酒酵母等，含维生素 C 的柑、橘、猕猴桃、草莓、鲜枣、菠菜等，含维生素 D 的牛奶、动物肝脏、鱼肝油，含维生素 E 的糙米、花生、阔叶蔬菜等。这些食物中富含的各种维生素可促进头皮新陈代谢、活化微血管壁，是营养头发的必需品。

18. 怎样吃能够乌发护发？

饮食多样化、饮食有节、荤素搭配、营养均衡，是养发护发的基本饮食要求。

（1）头发脱落和头皮屑过多：应多食海产品、黄豆、黑豆、动物肝脏、菠菜、卷心菜、芹菜及蛋类食品，以促进发质蛋白的合成，预防脱发。新鲜蔬果、全谷类食物可促进头皮新陈代谢。

（2）头发干枯、发黄、没有光泽、易折断：应多吃含碘、钙丰富的海带、紫菜、芝麻、核桃、豆类、贝壳类、大枣等。这样可以保持机体的酸碱平衡，预防头发分叉或断裂，使头发乌黑、润泽。

（3）头发稀少：可多食含胶质的食物，如猪皮、猪脚、牛筋、鱼皮及软骨等。这样不但会增加头发的韧度，还可使头发更加浓密。

（4）非遗传所致的白发早生：应多吃麦片、花生、香蕉、马铃薯、黑芝麻、枸杞子。此外，甘薯、山药、菠萝、芒果等也有利于头发生长发育。

19. 头发健美有哪些标准？

判断头发是否健康和美观是有客观标准的，主要依据以下几个方面。

（1）发无疾病

①首先发干无异常，如头发表面未被侵蚀，头发无扭曲、弯卷、缠结、分叉、纵裂、锥形断裂等。头发性质改变可以是先天性的，也可以为获得性。质的异常往往引起

形态的变化,如泡沫状发、念珠状发等,而且常较脆,甚至出现套叠性脆发症、结节性脆发症等。

②不能有病理性脱发,也就是说,每天脱落的头发数目不能超过正常新陈代谢(50～100 根),更不能有各种秃发。也无早年白发或异常发等常见的头发疾病。

(2)头发洁净

①清洁的头发,无污垢和头皮屑,也是很容易理解的一个方面。

②如果头发被侵蚀,毛小皮破损、裂开,造成毛干不平滑,头发就容易粘上灰尘。

③头皮患有某些疾病如头癣、脂溢性皮炎等,产生大量鳞屑,常使头发看起来很脏,甚至头发本身也受到影响,出现折断或脱落。

因此,头发洁净是一个简单而又实际的健美标准。

(3)富有弹性

①头发柔软,弹性良好,亦为健美头发所必需。头发的弹性与氨基酸链间连接的二硫键和数量更多的氢键密切相关。头发的角蛋白由一种长氨基酸链组成,其中大多数是胱氨酸。每条链皆为螺旋形,然后再成束卷或绳索样。每个胱氨酸单位有两个半胱氨酸,邻近的两条链中的半胱氨酸通过二硫键形成强的化学结构。众多的二硫键的连接使角蛋白像一只长梯。二硫键的结合很牢固,只有用化学的方法才能使其断开。氢键的结合强度远比二硫键弱,尤其是在水中,更易断开。因此,健康的头发在潮湿的情况下牵拉,长度会增加,干燥后可恢复到原来的长度。

②富有弹性的头发对于抗拒外力,保持头发的外形、长度不变有重要作用,甚至将头发卷曲,其良好的弹性仍然能使头发完全恢复至原状而不受损伤。烫发时,卷发器将头发的角蛋白中的多肽链拉长,这时还原剂很容易使二硫键切断,而氧化剂则在拉长后的位置上形成新的二硫键,理论上头发因而形成和维持新的发形。但实际上仍有相当部分二硫键断开,因而降低了头发的弹性。其他如染发、日光和人工紫外线也可破坏头发的角蛋白结构,因而影响其弹性。

(4)发色亮泽

①头发亮泽显示营养滋润充足,富有活力,而不是暗淡无光,枯萎焦黄。头发由蛋白质构成,含有氢、氧、磷、碘等多种物质和钙、铁、锌、铜、钴等微量元素,以及各种维生素。因此,在日常饮食中要注意多吃含蛋白质的食物,同时注意食物的多样化,营养均衡。只有不偏食,才能保证头发所需的营养物质。

②海藻类如海带、紫菜等富含钙、铁和碘,特别是碘能增强甲状腺素的分泌,是对头发的色彩、光泽有较大帮助的食物。

③发干表面细胞呈屋瓦状重叠而成,这种排列可以有效地反射阳光。如果头发被侵蚀,毛小皮破损、裂开,造成毛干不平滑,头发的光泽也会受到影响。

(5)中性头发:中性头发是属于最理想的头发类型,即头发既不油腻,也不干燥。干性、油性头发均有明显的缺点,需要特别护理。

(6)粗细适中:头发的粗细与皮脂腺的大小呈负相

关，而且皮脂腺开口于毛囊，其功能直接影响头发及头部皮肤。因此，健美的头发不宜太粗，也不宜太细，特别是注意发根匀称。上了年纪后，头发可由粗变细，更易患脂溢性脱发。

（7）表面光滑

①头发表层的毛小皮若无损伤，表面自然光滑，而不易缠结，梳理头发就会很容易。长期或反复摩擦、日光、热吹风、环境潮湿等因素，经常游泳受到泳池中的化学物质或海水中的盐类等，都会对头发产生严重的侵蚀。

②头发的近端，毛小皮最光滑、整齐。越远离头皮部的毛小皮，由于接触外界的时间长，越容易受到各种因素的程度不同的影响，边缘可轻度翘起或破裂。毛干表面自然不平滑，严重时还会导致发梢分叉。

四、头发的正确梳理与保养

梳理头发是梳妆打扮的组成部分，正确的梳发不但能够美化容貌，而且能够保护头发，并有健脑、强身的功效。

20. 梳理头发有何作用？

人体除了关节处能运动自如外，其他部位的运动则需靠外力或仰仗全身运动。而头部往往无法实施合适运动，更需外力扶持。梳头则是一项生发、护发及头部保健的运动。

在人的头皮上，分布着许多的血管、神经、皮脂腺、汗腺和毛囊。梳头不仅能除去头皮屑和污垢，而且梳齿在头皮上来回轻轻划过，能刺激头皮的神经末梢，通过大脑皮质来调节头部神经功能和松弛头部神经的紧张状态，促进头部的血液循环，使毛囊、皮脂腺、汗腺等得到充分的营养。

中医学认为，头是"诸阳之首"，人体的十二经脉和奇经八脉都会合于头部。头部的穴位有几十个，约占全身穴位的1/4，此外头部还有十多个特定刺激区。通过梳头可以刺激经脉，疏通气血。梳齿对头部百会、四神聪、上星等穴位的刺激，可以增加发根部的血液流量，并可增强黑素细胞活性及增加毛球黑素细胞数量。

如此看来，古人所云"欲发不脱，梳头千遍"的说法，是有其科学根据的。北宋大文学家苏东坡的头发曾一度陆续脱落，后来他接受一名医的劝告——早晚梳头，不久就阻止了头发脱落，并在月下梳头时吟成《酒醒步月理发而寝》的著名诗篇。南宋诗人陆游晨起梳头时吟就"觉来忽见天窗白，短发萧萧起自梳"的诗句。他坚持不懈，在稀疏的白发上梳了再梳，以至终于出现茸茸"胎发"（黑发），大有返老还童之趋势。明代学者焦竑把梳头的好处总结于其著作《焦氏类林》之中："冬至夜子时，梳头一千二百次，以赞阳气，经岁五脏流通。名为'神仙洗头法'。"

现代一位研究人体健康与长寿的老教授曾说过："男子之所以比女子寿命短，就是因为极少梳头。"因此，我们应养成每天早晚梳头的良好习惯，以利头发保健和身体健康。

21. 怎样选择头梳？

头梳是我国民间传统的手工制品,从材料上分,梳子有骨、角、石、木、竹、铜、铁、铝、银、金及塑料、尼龙等十几类;从式样上看,梳子的款式则是五花八门、成百上千。

梳子的优劣会直接影响头发的健美,梳子选择得好,梳理的头发则乌黑浓密、坚牢不脱。选择梳子可凭兴趣爱好,可选用天然材质制作的,如木梳、角梳,但最关键的是梳齿必须排列均匀、整齐,间隔宽窄合适,不疏不密;梳齿的尖端要钝圆,不可过于尖锐,以免损伤头皮。不少发生在头皮的炎症性、过敏性和感染性疾病,都与头皮受到头梳的轻微外伤有关。

值得注意的是,尼龙、硬塑料、金属等头梳制品,与头发接触摩擦时会产生静电,给头皮以不良刺激,使头发干枯、萎黄、纤维变白,甚至导致脱发,干性发质者不宜使用这类头梳。

较长的头发、粗厚的头发、缠结的头发、卷烫的头发及洗头后搞乱的头发,应用厚片头梳梳理。如果盲目用密齿梳、钢丝梳、排齿梳,甚至圆滚刷生拉硬拽,就可能扯断头发、刮裂发干、牵动毛根,从而损伤毛囊,造成人为脱发。

除了梳子之外,还可用猪鬃头刷来梳理头发。

头梳、头刷都要保持清洁,可经常放在含碱或洗洁精的热水中(一匙纯碱加入一盆热水中)浸泡5分钟,并旋转、冲洗干净。

为了防止皮肤传染病,头梳不宜转借他人使用,也不宜使用公用头梳。

22. 怎样正确梳理头发？

梳理头发时应静静坐下,闭上双眼。梳理头发的动作要柔和,用力要均匀,不可用力过猛。切勿为了某种发型而强行将头发拉扯到一边,也不要用毛巾使劲擦头发。

梳理较长的毛发宜从发梢开始,一段一段地向上梳理。梳理短发可以从发根部开始。耳根的头发要用手按住梳理。排除头发缠结要从发梢梳起。

梳头时各处头发都要梳通,在全部头发梳通后,弯腰低头将头发甩到前面。自后颈发际向发梢顺序梳通,然后再将全部头发托起、甩向后面,再自前额发际下向后梳至发尾。这种前后反复梳理头发的方法,顺应了毛囊、毛干的自然生长角度,有促进头部血液循环的功效。

为了保护毛囊组织不因梳头而受损害,还可以采用垂直梳理法。具体做法:顶部头发向上梳,两侧头发向两边梳,后面头发拉起向后梳,使每个毛孔周围受力均匀,又不损伤发根。

由于各处头发的发质、长短、曲直不尽相同,因此在梳理头发时,牵拉的力度应灵活掌握。容易梳通的头发可从简梳通,不易梳通的头发要耐心梳理。在不伤头发、不伤毛根和毛囊的前提下,以梳顺头发为基准,以确保头发的健康生长。

在每天有规律梳理头发的同时,配合用手指尖轻轻叩打头部。叩时可先由前顶部叩向后枕,再叩击头两侧颞部,反复叩击 10 遍左右。叩头能促进头部的血液循环,使头发乌黑、发亮、稠密、坚牢,并有健脑强身、除烦解困及防治头痛等功效。

值得一提的是,每天梳理头发时若发现有几十根头发脱落,这是正常的新陈代谢现象,可不必担心。

23. 为什么梳辫子也要讲科学?

正常情况下不要把辫子扎得太紧,太紧就必然使头发受到强力牵拉,由于长期牵拉,使毛囊供血受到影响而发生牵引性秃发,头发因脱落而变稀。由于同样的道理,梳发髻时,也不能梳得过紧,以免发生头发损伤而脱发。

辫子梳得太紧还可能引起管型发。主要症状是头发上发生白色半透明的角质套,约有几个毫米长,套在头发上,并能沿着头发上下滑动。这种病虽然不造成脱发,但很不雅观。不再梳辫子或梳松散的辫子后,这种白色角质套就不再出现。

辫子不宜留得太长。头发太长易脏,洗发时揉搓时间长,梳理费时费力,头发外面的保护层毛小皮受损伤机会增多,头发末梢容易裂开分叉。

五、头皮的保健按摩

24. 头皮按摩有哪些作用?

人的头发虽没有什么特殊的生物学功能,但在美容上却占有相当重要的地位。头皮按摩就是一种方便、有效、利于头发保健和美容的方法。

按摩头皮是一种传统的头发保健法,在民间广为流传。通过反复揉擦、按摩头皮,可以促进头皮的血液循环,改善毛囊营养,有利于头发的生长,使头发亮泽、质地柔韧,并可防止头发变白、脱落,延缓衰老。

另外,头皮上分布着许多经络、穴位和神经末梢,按摩头皮能够疏经活络、松弛神经、消除疲劳、延年益寿。

25. 按摩头皮的方法有哪些?

头皮按摩的方法有不少,下面介绍常用的 3 种。

（1）方法一

①将右手或左手的五指叉开,先前后再左右按摩头皮,然后绕周围按摩,持续 5 分钟,直至头皮发热为止。每日早、晚各 1 次,也可随时进行。

②两手的手指按在头皮上,压按转动,每一处按摩 3 次。移动时,手指先将头皮推动后再移位置,并非手指头在头发上滑动,否则会失去按摩作用。

③双手的拇指压住太阳穴,其他手指张开,在头皮上旋转按摩 3 次;然后用双侧的示指、中指压住太阳穴按摩 3 次。

④手放在前额正上方,轻轻揉擦头皮,然后沿前发际线、太阳穴鬓角,逐渐向后移动,移至头皮中心,按摩 4 分钟。

（2）方法二

①将双手指尖放在耳后,然后以最小的幅度向上移动,直至头顶。

②指尖放在耳前的发际上,利用指尖向上做划圆圈的运动,直至头顶。

③指尖放在头后,从颈部中央的发际向上慢慢移动,直至头顶。

④整个手掌盖在头后部分,从两侧移到耳前部位,向上按摩到前额中央,再从前向后到头顶。

如果您的头发状况较好,每天按摩一次,每次3～5分钟就足够了;如果按摩的目的是为了促进头发生长,则需每天早、晚各按摩一次,每次8～10分钟。

(3)方法三:用十个指头沿着前额发际向头顶做螺旋揉动,稍加用力,再由头顶揉向枕部,然后由两鬓向头顶按摩。

26. 按摩头皮应注意哪些事项?

按摩头皮应注意如下几点。

(1)坚持每天按摩,尤其是您感到有精神压力、精神紧张或头皮紧绷时,更需要按摩。

(2)按摩时只能让手指触及头皮,而不要使用整个手掌,否则会使头发缠结或被拔出。

(3)按摩的部位应该是头皮,而不是头发。按摩实际是揉动,要像揉面团那样按摩头皮。

(4)在按摩头皮前可以选择适当的发乳涂于发根处,干燥型头发宜用含蛋白质的发乳,多油型头发则用柠檬发乳。

(5)按摩头皮可以自己进行,也可由其他人帮助进行。

(6)按摩头皮时切勿搔伤或抓破头皮;头皮若有皲裂或炎症时,不可做头皮按摩。

六、排毒固发养发瑜伽

27. 为什么练习瑜伽可以美发?

瑜伽起源于印度,并伴随着古印度文明的演进而不断发展,流传至今已经有几千年光辉灿烂的历史,是东方最古老的强身健体的方式之一,是优秀的古代人类智慧的结晶,是东方传统文化的瑰宝。瑜伽被公认为世界上最多样化的健康运动,瑜伽并不需要修炼多年才有收获,也不必非做出某种高难度动作或达到某种境界,只要用心练习,每个人都会从中获益。

瑜伽运动中糅合了呼吸运动、肢体运动、冥想,依靠调动身体里的内部力量,实现由内到外的美丽。瑜伽的体位练习没有标准,适合自己的就是最好的标准。练习瑜伽时,在空灵的音乐中深长地一呼一吸,筋骨的舒展与平和的心态,不仅能获得外在的美丽,更能使内心淡定、温婉、平和,这种发自内心的美丽是其他运动所无法比拟的。练习瑜伽是一种美丽的享受,既能安安静静地修身养性,又能让你获得排毒、养颜、美体、美发、塑身等效果。练习瑜伽不但可以塑造外在的美丽,而且会带来内心的力量,让你变得美丽自信。

瑜伽是顶级的排毒运动,能够帮助血液循环、润滑关节。通过把压力施加到身体各个器官和肌肉上,来调节身体内外,展开排毒行动。练习瑜伽时,由于皮肤处在完全放松的状态,所以细胞生长和自我修复效率最高,细胞分裂速度要比平时快 8 倍左右,紧张的神经得以放松,全身的体液循环加速,有利于身体毒素的排出。同时,瑜伽还可以使皮肤内层的水分更加充足,从而缓解肌肤和头发的干燥现象,令肌肤更加水嫩、头发富有光泽。接下来我们会介绍几种简单的瑜伽招式,只要你持之以恒,就能获得固发养发的效果。

28. 如何练习瑜伽"兔子式"?

(1)瑜伽体式

①跪坐,双手自然垂于体侧。

②双手向后滑动到小腿肚,吸气时上半身前倾,前额落于地板。

③臀部上抬,头顶贴地,两大腿与地面垂直,保持20 秒。

④臀部下落,回到坐姿。

重复 10 次。

(2)功效:加强头部供血和供氧,增强脑力,活化脑细胞,滋养头皮,促进头发生长,软化背部和颈部,排毒养发。

29. 如何练习瑜伽"鱼式"?

(1)瑜伽体式

①双腿并拢躺在瑜伽毯上,手心向下,将手掌压在大

腿下面。

②用手肘支撑起身体,吸气,并弓起背部。

③把头向后仰,保证头部着地,手肘支撑着身体的重量。

还原时,先将头部抬起来,然后再轻轻地将上半身放回到地板上,并且放松双臂。

(2)功效:按摩头皮,促进淋巴排毒,加速体液循环,促进头发生长。

30. 如何练习瑜伽"骆驼式"?

(1)瑜伽体式

①跪姿,将足背完全紧贴在地上,两膝打开与肩同宽。

②将双手放于腰上,轻轻托住腰。收紧腹部,身体慢慢往后仰,注意呼吸。

③身体继续后仰呈弓形,将双手移到双足上,抓住足踝,体重放在盆骨上,头部后仰。调整呼吸,坚持30秒。

还原时,将双手托住腰部,身体缓缓从弓形还原成直立状态。调息。

(2)功效:刺激腹部内部器官,舒展脊椎,加强头部血供和供氧,养发固发。

31. 如何练习瑜伽"猫式"?

(1)瑜伽体式

①跪姿,将足背完全紧贴在地上,两膝打开与肩同宽。双手打开撑于前方地面,与肩同宽,掌心向下贴紧地

面,手臂与背部垂直。

②吸气,背部尽量往上弓起,收紧腹部,头垂下。

③缓缓呼气,背部尽量向下压,抬头,臀部抬高,后腰部会感到紧绷。

重复这个状态,吸气时弓背,呼气时下压。呼气和吸气都要深长,弓背和下压也都要充分。一呼一吸时,头部随着垂下和后仰。重复做30次。

(2)功效:紧实腹部,增加脊椎弹力,刺激内脏器官,加速新陈代谢,增强头发弹性,促进血液循环,排毒养发。

七、清洗头发从"头"开始

清洗头发作为日常头发护理必不可少的一个步骤,不仅可以清除头皮屑及头发中的污垢、致病微生物,保持头发的柔软、弹性,而且由于洗发时的揉搓、按摩,可以促进头皮的血液循环和皮脂腺的正常分泌,保持头发、头皮的健康。

洗发有清洁头发和补充营养两大功效,在清洗附着在头发上的不洁物后,给头发补充所需养分,能让头发生长得更加健康。洗发虽是件生活琐事,但如果方法不当,就可能损伤头发、头皮,影响美容与健康。在洗发的过程中,一些不经意的小动作或小习惯会影响头发的健康;洗发和护发的方法不正确,也会影响头发的生长,甚至造成脱发。因此,要想拥有一头健康的秀发,在洗发护发液的选择、水温的要求、洗发手法与次数等方面,都要有一定的讲究。

32. 用什么水清洗头发最合适？

洗发离不开水，而水有淡水、咸水、硬水、软水之分。洗发用水应该是水质清洁的淡水、软水。当然，有条件时可以用雨水、雪水，这种水能充分发挥洗发剂的作用。

江河水、井水和泉水属于硬水，因其含有的矿物质（如钙盐、镁盐）较多，不宜用于洗发。使用这些水洗发，一是会刺激柔软的头部皮肤；二是会与洗发剂中的脂肪酸发生化学反应，产生不溶性的沉淀，妨碍洗发剂起泡沫；三是产生的沉淀物附着在头发和头皮表面，会堵塞毛孔、皮脂腺及汗腺，刺激、损伤头皮，影响头发生长，并使人感觉不舒服。

如果条件所限，不得不使用硬水洗发，可以将硬水加温，使矿物质沉淀、水质变软后再使用。硬水软化的另一种方法是在水中加入1‰六偏磷酸钠，该物质可与钙盐、镁盐反应，生成可溶性的复合物，甚至会溶解已形成的钙、镁沉淀物。此外，还可将硬水煮沸、蒸馏，从而获得"软化"的蒸馏水，再用来洗发。

33. 洗发的最佳水温是多少？

头皮对温度的刺激比较敏感，一般洗发的水温以40℃左右为宜。这样的水温可以起到清洁头皮与头发、改善头皮血液循环、消除疲劳、振奋精神等作用。

如果水温过高，虽然能够洗掉污垢，但是会将头皮所需的有益的脂膜层除去，同时还可能烫伤头皮及发根，使头发因受热而失去柔软性,变得干涩、蓬散、易脆、易断、失去光泽、易脱落。

如果水温过低,则会使皮脂硬化,难于溶解,影响去污、除垢效果,并可致头皮血管急剧收缩,易使头发干枯、发黄、脱落、早衰。

34. 每天洗发好不好?

头皮每天分泌的脂膜有滋润头皮及头发的功效,皮脂中的脂肪酸有抑制细菌生长等作用。头皮的代谢产物为头屑,头皮及头发上的皮脂、汗液、头屑与空气中的尘土、细菌等混合在一起,就形成污垢。头发上的污垢太多,会影响皮脂分泌,妨碍头发的营养吸收和生长,严重时会导致头发干燥和脱落。头皮可滋润发根,洗发过于频繁会将头皮的脂膜层洗去,从而影响脂膜层的功效,故不能过频、不当地洗发,而要科学地洗发。

在实际生活中,间隔多长时间清洗一次头发并没有什么标准。头发应常洗,一般每周 4～7 次。油性头发者可 1～2 天洗发一次,干性头发者宜 2～4 天洗发一次。

在春、夏两季,头皮的分泌物增多,洗发的间隔时间宜短些,可 1～2 天洗发 1 次;在秋、冬两季,洗发间隔时间可略长些。对油性头发者,在夏季可每天洗发 1 次,冬季每周洗 2 次,春、秋季隔日洗 1 次。

由于女性头发长,尘埃等易附着在头发上,因此洗发间隔时间可略短一些。

35. 怎样做好洗发前的准备？

人们一般会忽略洗发前的准备工作，而直接进行洗发。其实，如果时间、工具等许可，在洗发前先做些准备工作，可使清洁工作事半功倍，还可减少洗头时的脱发量。

(1)刷发：刷发的目的是将发丛中的污垢、头皮屑、碎发等除掉，或使其与头皮分离，浮到表面上来，同时让一些失去活性并已枯衰的头发自然落掉。对于干性头发的人，刷发能刺激血液循环及油脂分泌，从而能使头发更滋润。

刷发可使用宽齿梳、牛角梳或木梳，宽齿梳齿稀，不易伤发；牛角梳齿尖，能刺激头皮血液循环及油脂分泌，使头发更滋润；木梳不会产生静电，还可抑制真菌。刷发时先刷头发的表面，然后将头发分层翻起，依次刷发干、发根及头皮，最后再刷周围的发脚边缘。对于长发，可从发尾处先慢慢梳开，再从发根部从头梳至尾；也可以将头朝下，从脑勺部往前梳开，让发丝顺畅。

刷发时，落刷要平而实，用力时以肘带腕，顺毛发走向依次而刷，切忌硬拉，以免拉断头发或刺痛头皮。如果头部有疖疮、破损、疙瘩等时，要注意避免与之接触。

(2)揉头：揉头的目的是通过揉搓，起到按摩作用，给头皮以适当刺激，使血液流畅，增加发根的血液供应，以利于头发的保健。同时，揉头还可将刷发后残存的头皮屑、碎发等进一步搓离头皮。

揉头即用十指的指腹部分，在整个头部有顺序地往返交错揉搓。揉搓的时候,双手动作要协调,手指用力要均匀、柔和、轻重有序。不要用指甲接触头皮,要依次揉搓头部的每一部位。在手指揉搓的同时,两肘缓缓移动位置,最后双手插入头发,撩松抖动,使残余碎发及部分头屑浮起或掉落。

(3)刷掸碎发:经过刷发、揉头后,要用掸刷由前额向后掸净落在面部、耳后部及颈部周围的碎发、头屑等。

36. 正确的洗发流程是怎样的?

(1)洗发开始时,先用温水做基础清洁,用手指轻缓地由前往后梳弄头发,使头发从外到里一直到头皮全部浸湿。

(2)将洗发液倒在手掌上,搓揉一下,最好能搓出泡泡,以便能被头发更好地吸收。再将起泡的洗发液均匀地涂到头发上,先涂发根和头皮中心,然后向前后左右自然揉开,让洗发液从发根向发梢自然下流,浸润整个头皮。

(3)用搓揉过洗发液的手从两鬓插入头发,搓揉出更多泡泡,然后慢慢向头顶搓揉。

(4)从头顶开始向后脑勺发际处彻底清洗,用双手指腹从两边耳际向中央渐渐按摩。按摩时,手指腹轻贴头皮,小幅度揉搓,尽量不抓乱头发。搔抓头皮应两手对称,手指插入发根,轻搔头皮,并要分区顺序抓到、搔透。

(5)利用丰富的泡沫对头皮进行按摩和清洁,从下往上地打圈按摩头皮,直到感觉头皮清爽为止。这不但能起到加强头皮血液循环的作用,还能让脸部肌肤变得紧致。

（6）按摩完毕，用双手将洗发液泡沫刮掸掉，即可开始冲洗。冲洗时可双手不断交换抖动头发，边抖边冲水。要不断地变换角度，使整个头发都能冲洗干净。水冲到耳前和枕部时，应用手掌轻轻护住耳部和颈部，以防污水流入耳内或颈部，并注意将耳后、发际线及太阳穴冲干净。冲洗时要注意有无洗发液残留，直到水中没有洗发液泡沫。

（7）用清水洗净的头发，仍可能有极少量的洗发液存留在发干或发根上，为了使头发不受碱性侵蚀，可使用护发素或发膜，以便有效地清除残存的碱质，使头发更加柔软光泽。涂抹护发素或发膜时应从发梢开始，均匀涂在头发上，注意不要涂到发根，不要接触到头皮，也不要来回搓。涂抹时要逆着毛鳞片生长的方向由下而上涂抹，这样才能起到渗透的作用。停留 3～5 分钟后再冲洗干净。

（8）清水洗净头发后，用大的干毛巾包裹头发，然后用双手轻轻按压干毛巾，用大毛巾吸干水分。注意不要用干毛巾反复揉搓湿发及拍打湿发，因为发根经过热水浸泡和按摩后，血液循环加快，毛孔张开，使劲揉搓头发会使头发变得很容易脆断。

（9）待头发没有水滴流下时，就可取走毛巾，以发刷梳理。如果需要使用电吹风，应该使用低温挡，在离头发10～15 厘米处把头发吹至半干，勿让热风太靠近。若是想使头发蓬松拉高，可试着反方向吹干，如此便能让发型蓬松有型。

37. 洗发有哪些注意事项？

（1）洗发是为了保持头皮、头发的卫生及健康，切不可以热水烫洗、用力搔抓以达到洗头止痒的目的。要知道，头皮瘙痒意味着头皮、头发可能有某种疾病，热水烫洗及搔抓的结果将使病情加重。

（2）洗发结束后用毛巾擦干头发，可先用大毛巾的一半把头发上全部水分吸干；再用另一半毛巾将后脑部吸干，如此便能将大部分水分去掉，其后再利用自然微风，稍吹一段时间，就可使头发完全干燥。毛巾以麻布或纯棉布效果最理想。不要用粗糙的毛巾使劲地搓干或拧干，因为头发在潮湿的情况下，其强度明显降低、容易拉断。

（3）有人认为电吹风温度过热，对头发的伤害特别大，还不如用毛巾擦去水分后自然晾干。其实这种观点是不对的，头发经过清洗，毛鳞片都张开了，这时候如果使用粗糙的毛巾使劲擦拭，比电吹风高温的伤害更大，会直接导致头发干燥易断。使用电吹风时，注意快速吹干头皮，让电吹风与头发保持10～15厘米的距离，将头发吹至半干即可。

（4）清代曹庭栋在《养生随笔》一书中说："养生家言，当风而沐，恐患头风"。意思是说，迎风洗发，容易得头风症。如果晚上洗发，未干入睡，更易潜生他病。一般来说，临睡前最好不要洗发，如果要洗，也应用干毛巾擦干，然后再用电吹风将头发吹至全干后再睡觉。

（5）经期应避免用冷水洗发。女性月经来潮时，盆腔处于充血状态，因此流到身体其他处的血流就会相对少一些,如果这时用凉水或温度过低的水洗发,会使头皮上的血管收缩、血流量减少,导致血液循环不畅。因此,女性生理期应特别注意保暖,避免用过低温度的水洗发,而应用稍热的水洗,洗发后立刻用电吹风吹至全干,以免引起风寒,造成血液凝结成块。

八、选择适合自己的洁发剂

38. 洁发剂可分为哪几类?

单纯用清水洗发往往难以达到清洁去污的目的,因此在洗发时必须使用各种洁发剂。洁发剂是一种清洁剂,添加了用于溶解污物和油脂的表面活性剂、帮助头发保持合适 pH 的酸性成分、用于防腐的防腐剂,以及帮助头发锁住水分、保持顺滑的油、脂、醇类物质。

根据洁发剂的原料和工艺程序,可将其分为两大类:一类是皂型洗发剂,它是以油脂为原料,经皂化而成为肥皂的洗发剂,其特点是去污力强,水溶液呈碱性。另一类是合成洗发剂,它是以脂肪醇硫酸钠等合成洗涤剂为主要原料配成的,其特点是泡沫丰富、去污力强、溶液呈中性,不刺激、损伤头皮,并且洗后头发柔软、光泽、有芳香。

目前市面上大量出售的主要是合成洗发剂,其种类繁多,从酸碱度上分,有碱性、酸性和中性三种;从外观上分,有液体、膏体、乳状、粉状等;从应用对象分,有中性发用、干性发用、油性发用、烫发用、染发用、男用、女用、儿童用、去头屑用等多种。

随着科学技术的进步，人们开发出了很多种类的洁发产品，如洗发香波。洗发香波的主要原料为十二醇硫酸钠，为了使头发洗后不致干燥，人们往香波中加入一些油脂类物质；为使洁发剂具有一定的杀菌、去屑和止痒作用，人们在洁发剂中加入了水杨酸、硫黄、硫化硒和酮康唑等，制成各种药物香波；为了迎合人们的心理和感官需要，不少洗发香波中还添加了蛋白质、乳脂、染料、香精及增泡剂、增粗剂等各种添加剂。适于干性头发用的洁发剂一般含有卵磷脂水解蛋白或人参精；适于油性头发用的洁发剂一般含有硫黄、十一烯酸衍生物等；适于受损发质的洁发剂一般含有橄榄油、精油或蛋白质等营养成分。

目前洁发剂主要是根据头发的发质和状态有针对性地进行分类，主要包括：①通用型，适用于各种发质；②滋润型，适用于干性发质；③去屑型，适用于油性发质；④营养型，适用于烫、染后的受损发质；⑤防脱发型，适用于易脱发发质。

39. 怎样选择适合自己的洁发剂？

市面上的洗发产品种类繁多，产品质量也良莠不齐，挑选时一定要注意，选择适合自己发质的产品。品质不佳的洗发产品对于发质与头皮的伤害是很大的，长期使用会造成脱发、头皮红肿、头皮屑增多等。如何选用优质的洗发产品是有标准可循的，主要看其在清洗力、泡沫与刺激性三方面。

好的洗发产品除了能够适度地清除头皮上的污垢外,还可以防止头皮产生污垢,减少头皮发痒、红肿,并且能有效地减少毛发脱落的现象。洁发剂能清除头发的污垢,主要在于其中的活性剂能够有效地结合油性与水性的物质,因此洁发剂中的活性剂作用力强弱是很重要的。

细腻的泡沫是构成优质洁发剂的另一个要素。洗发时,人们习惯用手指在头皮与发丝之间反复揉搓,但过度的揉搓会对头皮与发丝造成伤害,此时洗发剂的泡沫就起着润滑的作用。细腻的泡沫可缓和搓洗时产生的摩擦,清洗时更干净。粗糙过量的泡沫,不但不能达到此种效果,还可能因为无法彻底清洗干净而对头皮造成伤害。

另外,洁发剂的刺激性要小,刺激性大的洁发剂会损伤头皮和头发,导致掉发、白发等症状,严重时还会破坏肝、肾等器官的功能。

正常人的头皮呈弱酸性(pH 4.5～5.5),使用碱性肥皂可使头皮严重脱脂,头皮酸碱平衡失调,表皮受损或头发结构发生改变,并为致病微生物的生长、繁殖创造了条件。与此同时,碱性肥皂可刺激头皮的上皮细胞,使其角化,并引起头皮屑增多、头皮干燥、发痒,缩短头发的正常寿命,加快头发的枯黄或脱落。因此,一般情况下洗发宜使用软皂和过脂皂。

同样,洁发剂的 pH 在 5 左右为好。中性发质者宜选用 pH 为 7 左右的洁发剂,避免使用碱性洁发剂。

干性发质者选用 pH 4.5～5.5 呈弱酸性的洁发剂较为合适,绝不能用 pH>8 的碱性洁发剂,否则会加速毛发的老化,终至脱落。

油性发质者最适合的是 pH 为 7 左右的中性洁发剂,它可以适度地洗去头发上过多的油腻性污垢,并保留毛发中应有油脂。

由于烫发、染发时所用的药水都属高碱性溶剂,头发乃至毛囊都会受损伤,因此,这种受损发质最好使用中性或 pH 4.5~5.5 的弱酸性洁发剂,借以中和碱性药水对头发的破坏作用,以保护头发的弹性和韧度。

对皮肤易过敏、发质较差、易脱发的人,以选择温和型的洗发剂较适合。

40. 怎样识别高品质的洁发剂?

美容美发专家总结了高品质洁发剂的 10 个特点。

(1)易于在头发上均匀分布与渗透。

(2)极易用水冲洗干净,且没有黏腻的感觉。

(3)能很快去除头垢,头皮无刺激或过敏现象。

(4)气味温和,清淡不刺鼻。

(5)冲洗后头发上没有残垢、碎屑和不溶脂皂。

(6)洗发后头发柔顺光洁,轻盈自然,易于梳理。

(7)泡沫细腻,手感滑润,气味温和。

(8)非洁发用的添加剂越少越好。

(9)溶液稀薄而透明度较高,底部无沉淀物。

(10)用量少、渗布面大,可去除头垢。

选购洗发剂时最好先看包装,好的洁发剂外包装都很完整,接口处严密无裂痕,做工细致,材质比较硬,印刷的色彩柔和,字迹清晰。另外,不要盲目购用高价或进口的洁发剂,因为价格高的并不一定比价格低廉的效用好。

国产洁发剂是根据国人的生理特征配制的,针对性强,柔和不刺激,而且不少品牌质量上乘。

41. 什么是漂清液?

在用洁发剂洗发之后,都要用温度适中的普通软水漂洗,将洁发剂及头发污物冲洗干净。有人喜欢在最后一遍的冲洗水中加入食醋或柠檬汁等酸性物质,认为这样可使头发柔顺、光亮;有人喜欢最后用茶叶水漂洗一遍,认为这样可使头发乌黑、柔软。其实,这些做法都属于使用漂清液范畴。

增效漂清液有润滑剂、增粗剂、防腐剂、致湿剂等,使用后可重新恢复头皮表面被洗掉的脂膜层,对保护受理化因素损伤的头发也有好处。酸性漂清液可以中和洁发剂的碱性,使头皮表面恢复正常的酸碱度,并使头皮表面细胞展平,减轻毛干的肿胀,从而使毛发看起来十分光滑。另外,酸性漂清液可以改变毛发表面的电荷,从而除去用洁发剂洗发后黏附在头发上的微小沉淀物。

洗发后,可用啤酒作为漂清液,不仅可使头发干得快些,使头发显得更加美丽、自然,而且可以治疗头发干枯、脱落。用啤酒漂清的具体方法是先把头发洗净、擦干,然后将 30 毫升啤酒均匀地涂在头发上,并用手按摩。15 分钟后,用清水冲洗干净,然后再用 30 毫升啤酒,重复一次,并用梳子把头发梳一遍,以便让啤酒均匀地渗透到头发根部(头发干后不会有啤酒味),使头发产生光泽,并促使头发生长,防止头发干枯、脱落。

洗发后,还可用醋作为漂清液。在温水中滴 5~10

滴白醋（或苹果醋），将头发浸在水中，轻轻揉搓，同时按摩头皮。15 分钟后，用清水洗净。醋的主要成分是醋酸，还含有少量氨基酸、有机酸、糖类、维生素 B_1、维生素 B_2等。用醋漂洗头发，可有效抑制头皮屑的生成，还可使头发乌黑亮丽、柔软富有光泽。

此外，用茶叶水作为漂清液也是不错的选择。用 10～20 克茶叶煮水，然后滤除茶叶，待茶叶水变温时，可漂洗头发。把头发浸入茶叶水，按摩 3～5 分钟，然后用清水洗净。用茶叶水漂洗头发，可有效去除头屑、止痒、预防脱发，使头发亮泽、清新、飘逸。

九、正确选择护发剂

头发的深度滋养是很关键的，因为风吹、日晒及频繁地烫、染、造型等都会对秀发造成损伤，而一旦发丝中的蛋白质流失，发丝就会变得干枯、易脆且没有光泽。因此，使用护发剂可及时为秀发补充养分，增加头发的滑润、饱满、美观，使秀发闪耀迷人、水润亮丽。

42. 常用护发剂有哪些？

护发剂按其使用目的可分为营养剂、护发剂和固发剂三类。

营养剂可渗入毛发内部，补充发内所需营养及促进毛发正常代谢，其主要成分为蛋白质、油脂、激素等。护发剂的作用是为毛干内部组织及毛表层补充营养，并作为保护膜,其主要成分为油脂、油水乳化剂、蜡制剂和其他高分子化学物质。固发剂的作用是固定头发的线条、形态,其主要成分为油脂、蜡质、聚乙烯、吡咯酮等。

现在,由于人们发现外补营养对于毛囊、毛根乃至毛干的作用很不明显,甚至向头皮渗入或注入激素的方法效果也不大,且有一定的不良反应,因此对营养剂已不感兴趣,只是将一部分对发根有营养作用的物质作为护发素的添加剂。而护发素是替代油质、蜡质及乳化脂等护发剂的新型护发剂。

下面介绍几种常用护发剂。

(1)发油:发油的主要成分是植物油(如橄榄油、蓖麻油、花生油、杏仁油等)、矿物油和高级脂肪酸脂等。发油可增强头发的弹性,防止头发断裂、开叉,并可改善头发的色泽。从保护头发的角度出发,植物油较好;从渗透性来看,矿物油较好。

(2)发蜡:发蜡是由羊毛脂、凡士林、蜂蜡所制成,含油脂多,滋润性较好,可用于固定发型。发蜡一般适于干性发质的人使用。

(3)发乳:发乳由羊毛脂、单硬脂酸甘油酯、凡士林、蜂蜡、香精等成分经乳化而成,其特点为油而不腻,易渗入发内,黏性小,且容易洗去。发乳较适合于枯萎、失去光泽、易脆的头发,其水分被头发吸收而油膜却附在头发表面,起滋润和护发作用。

(4)护发素:现代护发素的主要特点是引进阳离子物质,在其添加剂中加入季铵化合物,用以中和头发上的阴离子,并在发干上形成均匀防护膜,具有保护头发内部组织,增强毛发表层光泽和韧性,以及抗静电、抗菌等功能。可使头发柔软、光洁、易梳。护发素的剂型可分为乳状剂(如护发乳、护发膏)、液状剂(如浓液护发素、透明液护发素)和泡乳剂(如发泡剂护发素)。护发素按其功能的不同又可分为中性发用、油性发用、干性发用,以及烫发前用、烫发后用、染发前用、染发后用、干发中用等。

(5)毛鳞片修复液:毛鳞片修复液又称护发精油,含有天然荷荷巴油、深海鱼油及 B 族维生素等头发营养修护成分,其活性游离氧原子不但能促进营养成分被头发吸收,从而全面均衡地修复发质,令头发光亮柔顺,而且还可抗热、防静电、防紫外线、补充头发间充物质,去除染烫后残留在头发皮质内部的有害物质,改善毛鳞片光泽和柔软度,减少头发分叉等现象。毛鳞片修复液具有超强的渗透力,能迅速进入发心深处,由内而外修复受损发质;具有再生力,促进毛鳞片生长,修复开叉发尾;具有保护力,能在秀发表层形成保护层,让直发看起来更垂顺、卷发更滋润,能使卷翘的发尾更服帖、受损的秀发更滋润。

目前普遍应用的头发养护剂有复合型和单一型。复合型是集营养、护发、固发三合一的功能型,此外还有养、护合一型或护、固合一型。剂型可分为油剂型、蜡剂型、乳剂型、液剂型、雾剂型、膨化型等,常用品种还有发胶、摩丝。所谓发胶(又称固发胶、定型剂、固发精),是替代油脂和蜡质及胶质定型液的新型固发剂,剂型分为乳剂(如定型发乳)、膏剂(如啫喱膏固发剂)、雾状剂(如各种喷雾型固发胶)、膨化剂(如摩丝乳剂)。摩丝,是以发泡剂为添加剂,集护发素与定型剂为一体的新型护发固发膨化剂,主要用于发式造型。

43. 如何自我调制护发剂?

如果你有兴趣,平时在家中可以就地取材,自己调制护发剂。

(1)大豆护发香波:取黑大豆 500 克,煮熟留汤,用大豆汤洗头发,再用清水漂净;最后滴几滴柠檬汁于清水中,用此柠檬水洗发一遍。此法可令头发乌黑、亮泽。

(2)蛋清护发香波:将鸡蛋清(短发用 3 个鸡蛋,长发用 4～5 个鸡蛋)搅拌打匀,使形成泡沫后,用以浸洗头发,保留 3～5 分钟,然后用清水洗净。此法可使头发滋润、光亮。

(3)柠檬护发液:将两片柠檬放入盛满水的脸盆中浸透(pH 可达 5.0),用此水洗发,然后再用清水漂洗。因酸性柠檬液有中和碱性的功效,故此方适合于受碱性洗发剂损伤的头皮和头发。

(4)橄榄油护发剂:将两只鸡蛋打散搅匀,直至起泡,再一边搅一边缓缓加入橄榄油(麦芽油、玉米油、芝麻油亦可)、甘油、优质米醋各一汤匙,使之完全混合。此方对改善头发干枯有较好效果。

(5)洋葱洗发汁:取小洋葱 7 只,捣烂,用纱布包好,洗发前先用此洋葱纱包拍打头皮,使洋葱汁渗入头皮,30 分钟后再拍打一次,然用清水洗净。此方对头皮屑过多及头皮瘙痒有一定治疗效果。

(6)白醋护发剂:在 20 毫升白醋中加入鸡蛋清(3 个

鸡蛋），搅匀，洗头之后将其涂抹在头发上，稍加按摩，再用清水洗干净。此方可有效减少头皮屑的生成，使头发乌黑亮丽。

（7）香蕉蜂蜜发膜：取半根香蕉、1汤匙酸奶、1汤匙蜂蜜，把所有材料放到搅拌机中搅拌，然后倒入碗中。用发刷蘸取发膜，从上至下均匀刷在已经湿润的头发上，停留15～20分钟后清洗干净。此方可使头发柔顺、亮泽。

（8）芦荟汁护发液：取两根较粗的芦荟，去除两端的刺，用榨汁机磨碎取汁液。在芦荟汁中加入50毫升水稀释，用头梳均匀地涂抹在洗净后的头发上，然后用毛巾将头发包起，5分钟后用温水清洗干净。芦荟富含维生素和矿物质，尤其是新鲜的芦荟汁，能使头皮的血液循环畅通。此方可使头发变得柔软、有光泽，还有防止脱发、去除头皮屑、生发、黑发等功效。

44. 使用护发剂有哪些误区？

护发剂可养护头发，但若选用不当，不但不能护发，反而会损伤头发。因此，在选用和使用护发剂时，应注意以下几点。

（1）要根据自己的发质、肤质选用护发剂。油性发质宜选用清爽型护发剂，干性发质宜选用滋润型护发剂，受损发质宜选用修复型护发剂。

（2）使用前要了解护发剂的成分、特点、功效和注意事项，严格按产品使用说明书使用，不可随意施用。

（3）要掌握护发剂的施用程序和方法，随时检视发质及头皮的变化,注意施用中的反应和用后效果,若头皮或头发出现异常现象应立即停用。

(4)不同剂种的护发剂不可同时施用于头发上。

(5)必须在洁发剂冲洗干净后才可使用护发剂,避免出现化学反应而影响功效及损伤头皮、头发。

(6)要掌握好护发剂的用量和施用时间。用时取护发剂于手掌里,然后用手掌将护发剂涂在头发上,或用梳子轻梳,并轻轻按摩头部,使护发剂进入每一个部位。对较粗且干燥的头发,护发剂可多用些;对细发则少用些。

(7)护发剂在头发上保留一段时间后,应清洗干净,然后梳理头发。

(8)对洗净后的头发施用养护剂、护发素、摩丝等,用量宁少勿多,越是稀薄、均匀越好。

(9)免洗护发剂不能替代营养护发剂。免洗护发剂只有抗静电功能,只能在头发表面形成保护层,而无法深入发根,修护受损的发质。所以在洗发后,还是要针对性地使用营养护发剂。如果需要,最后再在发梢处使用免洗护发剂。

(10)过量使用护发剂反而会损伤头发。护发剂中含有对人体有害的硅成分,如果残留在头皮处,很容易堵塞毛囊,会影响正常的新陈代谢,引起头皮处脂肪粒,造成头皮屑过多或脱发。因此在涂抹护发剂时,尽量不要接触到头皮,同时不要过量使用。

十、柔顺秀发的秘方

头发的健美是人体健康的标志之一,如何使乌发常在,古今中外良方颇多,在此择其便、验方介绍如下。

45. 哪些药粥能乌黑头发?

(1)仙人粥(何首乌粥)

【配料】 何首乌 30～60 克,粳米 100 克,大枣 3～5枚,红糖或冰糖适量。

【制作与用法】

①将何首乌煎取浓汁,弃药渣,放入粳米、大枣,文火熬成粥,加入红糖或冰糖,再煮一两沸即成。

②每日温服 1～2 次,7～10 天为 1 个疗程,间隔 5 天后再吃,可长期服用。

【功效】 养血、益肝、固精、益肾、健筋骨、乌头发。

【注意事项】 在食用过程中忌葱、蒜和冷服,且不能用铁锅熬煮。因该方有润肠、通便之作用,故便溏者不宜食用。

(2)桑椹粥

【配料】 桑椹 20～30 克(鲜桑椹加倍),糯米 100克,冰糖或蜂蜜适量。

【制作与用法】 桑椹浸泡片刻,洗净后加入糯米,用砂锅文火煮成粥,加冰糖或蜂蜜即成。经常食用。

【功效】 补肝、益肾、养血、明目,可使头发乌黑、秀丽。

【注意事项】 忌冷服,忌用铁锅煮,便溏者停服。

（3）酥蜜粥

【配料】 酥油（牛乳或羊乳提炼而成）20～30克,蜂蜜15毫升,粳米100克。

【制作与用法】 粳米加水煮粥,水沸后加入酥油、蜂蜜,用文火煮成粥。可长期食用。

【功效】 可治头发枯黄、皮肤粗糙。

【注意事项】 肥胖、痰湿内盛、大便稀溏者不宜食用。

46. 民间有哪些秀发秘方?

中医学以填肾益精、调补气血使毛发秀丽,从古代流传下来许多秀发良方。

（1）不老丹:该方以苍术为主,分别用酒、醋、盐、椒豆、大枣、地黄、桑椹汁等和成制剂,晒干后研细末,炼蜜为丸,如梧桐子大,每日空腹酒下10丸,10克左右。

此方有乌须发、悦颜色、壮筋骨、润肌肤之功,久服可抗衰老。

（2）仙茅丸:以仙茅、苍术、枸杞子、车前子、白茯苓、柏仁、生地黄、熟地黄共研细末,酒煮糊丸如梧桐子大,每日2次,食前温酒送服50丸。

此方有通神强记、益肌肤、乌须发、壮筋骨之功效。

（3）首乌人参酒:何首乌20克,当归15克,人参10克,浸泡于1000毫升白酒中,15天后饮用,每日50毫升,分2次服,连服半年至一年。

此方有养血益肝、固精益肾、乌须发、益精髓之功效，久服可令人骨健体壮、毛发乌黑。

（4）七宝美髯丹：由何首乌、茯苓、牛膝、当归、枸杞子、菟丝子、补骨脂七味药组成，共研细末，炼蜜为丹，每日2次，各服3克，温开水送下。

此方对肝肾虚损、须发软白、腰膝酸软等卓有功效。

47. 慈禧太后的"香发散"是何方药组成的？

传说慈禧太后一生珍爱头发，李莲英暗中派人四处重金征询医治脱发、白发的秘方。从民间收集大量秘方后，经著名太医李德裕精心筛选，遍查药经典籍，并会同众多太医一同审定，终于制成有止痒、净发、养发、黑发、固发功效的"香发散"。

香发散由零陵草、玫瑰花、辛夷、细辛、公丁香、山奈、檀香等药组成，共研细面。用时以苏合油拌匀，均匀涂发。慈禧试用后，果然青丝如云，白发返黑，落发重生，乃至年过古稀仍乌丝满头。

48. 近现代有哪些秀发良方？

在挖掘古方的基础上，近现代医家拟就了不少秀发、护发养发方。

（1）由何首乌为主配以黑芝麻、紫菜、生地黄、熟地黄、当归、核桃肉、桑椹、枸杞子、女贞子、荷叶、昆布等制成的"秀发美容散"。

方中何首乌补肝肾、强筋骨、养阴血、乌发黑须；桑椹等强阴明目黑发；黑芝麻入肾，增强黑发作用。诸药合用,改善血液循环,促进新陈代谢,延迟细胞衰老,保持头发秀美。适用于中青年体虚、瘦弱、大病后、用脑过度或不明原因引起头发干枯不泽、成片脱落及过早变白。

(2)近年来,中医挖掘"鸡内金治脱发、白发"古方,临床经验证明,该方对毛发干枯不泽、形体消瘦、目黯神疲、头发脱落等确有奇效。

方用鸡内金 100 克,炒研细末,每次 1.5 克,每日 3 次,饭前温开水送服。20 天后即可见头发脱落明显减少,其他症状也明显好转;一年后即体健发泽、面润神爽。

据研究,白发的原因可能是由于某些因素使毛发黑素细胞代谢失常,或缺乏某些特殊氨基酸引起,而鸡内金含多种消化酶,对促进这些氨基酸的吸收可能有重要作用。

49. 哪些药膳可护发养发?

(1)乌鸡汤

【配料】 雄乌鸡 1 只(约 800 克),何首乌 25 克,枸杞子、牛膝各 20 克,当归、菟丝子各 15 克,补骨脂、茯苓、黑豆各 10 克,葱、姜、盐各适量,酱油、胡椒粉各少许。

【制作与用法】

①将乌鸡宰杀后去毛、内脏和爪,洗净;姜洗净、拍松;葱洗净、切段;黑豆洗净。

②将 7 味中药洗净,用洁净白纱布包扎好。

③将药包与鸡、姜、葱、黑豆一并放入砂锅中,加入 1200 毫升清水,以武火煮沸后,改用文火炖约 2 小时,至鸡肉熟烂,除去药包,放入盐、酱油、胡椒粉调味,出锅待

温，即可食用。

④每日吃2次，吃肉、豆，喝汤，佐餐食用。

【功效】　补血益精、强筋壮骨、生发乌发。适用于病后体弱精亏、脱发、白发等症。

【注意事项】　感冒、发热者不宜食用。

（2）熟枸归炖乌鸡

【配料】　熟地黄20克，枸杞子15克，当归25克，乌鸡肉200克，龙眼肉10克，食用植物油15毫升，精盐少许。

【制作与用法】

①将乌鸡宰杀后去毛、爪和内脏，洗净，切取200克鸡肉待用；姜洗净、拍松；当归、枸杞子、龙眼肉分别洗净。

②将全部材料（除盐外）一起放入炖盅内，加沸水适量，炖盅加盖，隔沸水用文火炖2个小时，加精盐调味即可。

③每日1次，每次吃鸡肉100克，喝汤，佐餐食。

【功效】　养血益气、乌发美容。适用于气血亏虚所致的毛发失养、须发早白、头发稀疏、脱发等。

【注意事项】　腹脘胀痛、大便泄泻、感冒发热者忌用。

（3）莲子圆肉炖蛋

【配料】　莲子30克，龙眼肉15克，鹌鹑蛋4个（或鸡蛋2个），白糖适量。

【制作与用法】

①先将莲子去心，洗净；将龙眼肉洗净；鹌鹑蛋洗净，煮熟去壳。

②将莲子放入锅内,加适量开水,煮沸 10 分钟后,加进桂圆肉和鹌鹑蛋,用文火炖至莲子熟烂,加少许白糖调味,再煮沸即成。

③随意食用。

【功效】　健脾益气、养血安神、润发美发、养颜美容。适用于心脾两虚的神经衰弱者、气弱血少致毛发干枯、稀少、易脱落等症。

【注意事项】　若神经衰弱失眠属浊痰内扰及有外感者,不宜食用本品。

(4)核桃黑豆炖鱼头

【配料】　核桃肉 50 克,黑豆 100 克,大鱼头 1 个,大枣 4 枚,姜 2 片,酒 1 茶匙,盐适量。

【制作与用法】

①将核桃肉洗净,入沸水内氽片刻,取出用冷水冲净表皮,沥干水分;黑豆洗净,用水浸泡 1 小时;大枣洗净、去核,备用。

②将鱼头洗干净,抹干水分,用酒拌匀,放入炖盅内,加入姜片、核桃肉、黑豆、大枣和 4 杯滚水,盖上盅盖,将炖盅放入炖锅内,隔水用武火炖 20 分钟后,改用文火再炖 2 小时,加盐调味即可食用。

③每日吃 1 次,每次吃鱼头肉、黑豆、核桃肉 100 克,喝些汤,佐餐食用。

【功效】　养阴补气、补肺健脑、润肤乌发、美发养颜。适用于毛发干枯、早白、脱发等症。常服食本品,可收到美容护发的疗效。

(5)芪归圆芍炖木耳

【配料】　黄芪 10 克,当归 6 克,龙眼肉 8 克,白芍 5 克,甘草 2 克,陈皮 3 克,黑木耳 15 克,冰糖适量。

【制作与用法】

①将黑木耳用温水泡发,去杂质,洗净;其他中药全部洗净。

②全部用料一并入砂锅,加清水 1000 毫升,煎煮 2 次,每次约煎半小时,合并两次煎液约 600 毫升。

③每日 1 剂,分 2 次服用,吃木耳、龙眼肉、喝汤。

【功效】　益气固表、补血、活血养阴、生发、乌发、悦颜美容。适用于阴血不足所致的须发早白、脱发、毛发稀疏干枯等。对于斑秃、便秘等均可用本品调理。

【注意事项】　凡湿盛中满、食积内滞、表实邪盛、痈疽初起或热毒尚盛者均不宜食用。

十一、植物精油与护发

50. 什么是植物精油?

植物精油对人体有着神奇的力量,是从植物的花、叶、茎、根或果实中,通过水蒸气蒸馏法、挤压法、冷浸法或溶剂提取法提炼萃取的挥发性芳香物质。这些经特殊方法提炼出来的带有特殊香味的植物精华,大多数呈液态,是具有挥发性的有机混合物。在澳洲,精油的芳香疗法与其他传统疗法(如针灸、足部反射疗法、指压等)同属于辅助疗法,具有保健、治疗的效果。

所有的植物都会进行光合作用,其细胞会分泌出芳香的分子,这些分子则会聚集成香囊,散布在花瓣、叶子或树干上。将香囊提炼萃取后,即成为"植物精油"。精油可由 250 种以上不同的分子结合而成,极易溶于乙醇/乳化剂,尤其是脂肪,这使得它们极易渗透于皮肤,并借着与脂肪纤维的混合而进入体内。精油是由一些极小的分子组成的,当这些高浓度、易挥发物质流动时,会被数以万计的细胞所吸收,由呼吸道进入身体,将信息直接送到脑部,靠着小脑系统的运作,控制情绪并控制身体的某些功能。在芳香疗法中,精油起到调节生理和心理功能的作用。每一种植物精油都有其特有的化学结构来决定它的香味、色彩、流动性及与系统运作的方式,也使得每一种植物精油各有一套特殊的功能特性。

精油有"西方的中药"之称,是可以通过皮肤渗透进入血液循环,以达到调理身体、舒缓、净化等功效。每种植物都有其特殊性,因此精油对人体的作用妙不可言。纯天然的植物精油气味芬芳,自然的芳香经由嗅觉神经进入脑部后,可刺激垂体前叶分泌出内啡肽及脑啡肽两种激素,使精神呈现最舒适的状态,这是守护心灵的最佳良方。不同的精油可互相搭配组合,调配出特有的香味,不但不会破坏精油的特质,反而使精油的功能更强大。精油可预防传染病,对抗细菌、病毒、真菌,可防发炎、防痉挛、促进细胞新陈代谢及细胞再生功能,某些精油还能调节内分泌器官、促进激素分泌,让人体的生理及心理活动获得良好的感受。

精油按照其特点可分为 4 个等级:纯精油第四级

（D）、纯露或花水第三级（C）、香水级第二级（C）、食品级第一级（A）。

51. 精油有什么特点与功效？

植物精油有着很强的渗透性及挥发性，可经过皮肤进入人体，从而发挥其应有的作用。植物精油一般4秒钟可以渗透入表皮，5分钟可以进入真皮层，10分钟进入皮下组织，15分钟进入血液循环及淋巴循环，20分钟至12小时排出体外。欧洲的生物学家研究发现，精油被吸入和吸收的能力，是一般保健品的70倍。植物精油的安全性也比较高，代谢与排泄都比较快，体内无任何残留。使用精油时可灵活多样，可以单独使用一种或是将几种混合在一起。使用的方法也很多样，可以根据个人的爱好与需求，采用吸入法、熏蒸法、按摩法等来操作。

植物精油的主要特点有无香精；不含化学色素；不含防腐剂；不含矿物油脂；无引起过敏的化学成分；不含不良化学成分；无不良反应；高挥发性；高渗透性；抗菌性等。

精油除了舒缓与振奋精神这种较偏向心理上的功效外，对于一些疾病也有舒缓和减轻症状的效果。精油对许多疾病都很有帮助，配合药物治疗，可以让人体恢复得更快。在日常生活中，还可以使用精油净化空气、消毒、杀菌，同时预防一些传染性疾病。因此，精油的辅助治疗功效几乎涵盖了人体的循环系统、皮肤系统、呼吸系统、消化器官、免疫系统、肌肉与骨骼、神经系统、内分泌系统及女性生殖系统等诸多方面，广泛用于人体各系统疾病的辅助治疗。

此外,精油可杀菌、抗炎、加速愈合、除臭、排毒、柔润头发。

52. 常用的护发精油有哪些?

精油具有渗透性强、安全性高等特点,被吸入和吸收的能力是一般保健品的 70 倍,其安全性也比较高,代谢与排泄都比较快,且在体内无任何残留,因此被广泛应用于美容、美发、美体项目。

精油的品种较多,常用于头发护理的有以下几种。

(1)玫瑰精油:女性的美容圣品,有补水、保湿、嫩肤养颜、平皱等多重功效,赋予肌肤青春活力,可强化细胞再生。玫瑰精油可净化、滋养头发,适合干性、敏感性及受损性发质。

(2)薰衣草精油:被誉称为"百草之王",具有很好的修复再生功能,可平衡油脂分泌、改善头发的油腻状况、缓解头部不适。薰衣草精油适用于各种发质,尤其对少发、脱发有改善效果,是护发、养发的好帮手,可与各种精油搭配使用。

(3)甜橙精油:气味清新且可以杀菌,具有镇静作用,可平衡皮肤的酸碱值,帮助胶原形成。甜橙精油对头发的生长与修复有良好的功效,可保湿,适合油性发质或是在夏天使用。

(4)葡萄柚精油:可提神醒脑、舒缓抑郁,促进血液循环、净化血液、减少头皮过敏现象,并有均衡油脂分泌、排毒等功效。葡萄柚精油可帮助头发生长,预防毛囊发炎和发质过油。

（5）薄荷精油：具有振奋精神、消除疲劳、镇静和净化头皮、平衡油脂分泌等功效。薄荷精油适用于油性发质，可有效去除头屑，保持头发清爽。

（6）天竺葵精油：能平衡油脂分泌、改善毛孔堵塞现象，有排毒、舒缓的功效。天竺葵精油能增加头发的弹性，适用于中、干性发质使用。

（7）姜精油：可改善肤色、活血化瘀，改善疲惫状况。姜精油适用于少发、易脱发的人群，可改善头皮状况，生发、养发、固发。

（8）松木精油：可通毛孔，治疗皮肤炎、湿疹、脓肿，促进血液循环，促进毛发再生，滋养头皮、杀菌、排毒。松木精油适用于油性发质，改善头发油腻状况。

（9）佛手柑精油：可改善油性发质，舒缓头部神经、促进细胞再生，安抚焦虑、紧张、沮丧等情绪，能很好地改善秃发和易脱发状况。佛手柑精油适用于油性发质及易脱发人群。

（10）尤加利精油：可消炎、改善毛孔阻塞状况、杀菌、减轻肌肉疼痛、平衡头皮油脂。尤加利精油有很好的护发功能，能增强头发的活力与弹性，且香气迷人。

（11）迷迭香精油：可减轻皮肤充血、水肿等现象，并可收敛皮肤、预防皮炎、去除头屑、调节皮脂分泌、帮助头发生长。迷迭香精油尤其适于脱发、头屑多、头发稀疏者。

（12）柠檬精油：可促进血液循环、减轻静脉曲张、改善破裂微血管、去老死细胞、净化皮肤。柠檬精油适用于油性发质,也改善头发出油状况,使头发清爽飘逸。

（13）茅草花精油：具有杀菌功效,可清爽头皮,预防皮肤疾病。茅草花精油适用于油性发质,可加强清洁效果,有效预防头屑的过多生成。

（14）檀香精油：可平衡皮脂分泌、舒缓头部神经、促进细胞再生,给老化的肌肤补水,帮助淋巴排毒,增加免疫力,对头皮屑的去除效果显著。檀香精油适于各种发质,有补水、健发的功效。

53. 如何调配精油护理秀发?

精油不仅能给头发补充水分,还可以有效去除头屑、预防头皮疾病、调节油脂分泌、促进新陈代谢,使头发更有弹性、更柔顺。使用精油时可灵活多样,可以单独使用一种或是将几种混合在一起。使用的方法也很多样,可以根据个人的爱好与需求,采用吸入法、熏蒸法、按摩法等来操作。

可在一盆清水中滴入几滴适当的精油,洗完头发后,把头发浸在水中几分钟,然后吸干水分。也可以在洗发完吸干水分后,用调配好的精油轻柔地按摩头发和头皮,接着用毛巾裹住头发20分钟(毛巾需湿润温热),让精油更好地渗透入头发内部。还可以在洗发后,将调配好的精油水装在带喷嘴的小瓶子里,喷在微湿润的头发上(里外都要喷到),然后用电吹风吹至八成干。

精油调配的方法有很多种,可根据个人喜好来进行调配,下面介绍几种常用的精油的调配方法。

（1）润泽秀发

配方1:荷荷巴精油20毫升＋迷迭香精油5滴＋薰衣草精油5滴。

配方2:荷荷巴精油10毫升＋檀香精油1滴＋乳香精油1滴＋玫瑰精油2滴。

功效:适用于各种发质,可促进血液循环,加强细胞再生,滋养头发,令受伤、脆弱的头发健康柔顺。

(2)去屑止痒

配方1:荷荷巴精油5毫升＋佛手柑精油2滴＋柠檬精油1滴＋茶树精油2滴。

配方2:佛手柑精油2滴＋柠檬精油1滴＋丝柏精油1滴＋荷荷巴精油5毫升。

功效:适用于油性发质,可加速老化细胞的更新,有效去除头皮屑,深层清洁多余油脂,抑制真菌,令头发清爽、舒适、飘逸。

(3)补水固发

配方1:荷荷巴精油5毫升＋天竺葵精油1滴＋薰衣草精油1滴＋鼠尾草精油1滴。

配方2:荷荷巴精油5毫升＋迷迭香精油2滴＋薰衣草精油2滴。

功效:适用于干性发质,给头发补充水分。

(4)固发养发

配方:迷迭香精油2滴＋尤加利精油2滴＋姜精油1滴。

功效:适用于发少、易脱发的人群,可滋润头皮、防止掉发。

(5)修复秀发

配方 1:荷荷巴精油 5 毫升＋乳香精油 1 滴＋鼠尾草精油 1 滴＋迷迭香精油 2 滴。

配方 2:檀香精油 2 滴＋薰衣草精油 1 滴＋天竺葵精油 1 滴＋荷荷巴精油 5 毫升。

功效:适用于受损的头发,给头发补充养分。

十二、烫发的利与弊

烫发是为了使头发卷曲成波状,做成某种发型,并保持一段时间。烫发有三个步骤,先使头发变软,然后把软化的头发缠在卷发杠子上,之后使之硬化、固定。

烫发一般不会发生什么危险,但掌握不当,也将带来损害。

54. 烫发有几种类型?

常用的烫发方法为热烫（电烫）和冷烫（化学烫）两种。

热烫发时,先把一绺绺的头发绕在卷发杠子上,然后用浸透碱溶液的布条覆盖。碱性溶液可用氢氧化铵（20％）和亚硫酸钾（2％）的混合物,或三乙醇胺。然后,电热 10 分钟左右,拿掉卷发杠子,洗去药液。热烫对头发有干燥和收敛作用,对多油型头发有所裨益。

由于冷烫液的问世,给自行烫发提供了方便。冷烫时,在卷发前和卷发后都要用硫醇溶液把头发弄湿泡软。硫醇溶液中含有巯基乙酸（5％～9％）和纯氨（1.3％～

1.8％)或单胺乙醇,其作用是打断毛发角蛋白分子赖以牢固连接的二硫化合物交键。将头发卷到卷发杠子上,做成各种形状(家庭用的溶液可配成较低浓度,为使头发充分软化,药液可酌情在头上保留 10～40 分钟,然后洗去),然后把一种氧化剂(如过氧化氢液或过硼酸盐)涂到头发上,以中和碱性冷烫液,使软化了的头发变硬而固定发型,形成持久发波。此法具有脱发少、发质光泽、卷曲自然的特点,且较电烫简便、安全,适用于稀疏、发黄的头发。

上述的氧化剂即过氧化物可恢复角蛋白的二硫键,从而使发波固定。近年来,国外已使用新型的固发剂——碱金属溴酸盐固发剂,主要是应用溴化钾或溴化钠,并添加 0.05％～0.4％季铵酸性纤维素和 0.1％～1％酰基谷氨酸盐。它们能更好地固定发型,减少头发的蓬松,保持头发的光泽和柔软性。如果在上述固发剂内加入适量的酸,则可提高功效,延长发型的保持期限,增强头发光泽及梳理的轻松感,并能减少脱发。若在整型前使用无毒的高价金属盐类,如镁盐、钙盐或铅盐的水溶液冲洗头发,则可增添固发剂的效果,延长发型的期限。

55. 烫发会损伤头发吗?

烫发能增加美感,特别是冷烫,发型波浪感强而牢。然而,从卫生角度讲,长期烫发是有损人体健康的。利用理化方法使头发软化,并卷曲固定成型,长此以往会使头发枯黄、变脆,有损于自然美和人体健康。日本学者须藤研究认为,冷烫次数过多,会损伤头发的结构,造成磺丙氨酸增多,使头发弹性降低、变形,引起头发断裂。

　　头发由角蛋白质构成,由于各种化学键的存在,使角蛋白质内部的力处于平衡状态,形成稳定的空间螺旋结构。如果头发多次受外界理化刺激,则会使头发内部的复杂结构受到破坏,角质蛋白变性,发丝的拉伸强度降低,又会使头发滋润的脂酸发生皂化,油脂消失,无法复原。原有乌黑的头发将会变得枯黄发脆,尤其是处于生长、发育阶段的女孩子,其头发中胱氨酸基团和蛋白质键都处于不稳定状态,还是不烫为佳。要知道,从某种程序上说,冷烫液也是一种脱发剂。

56. 烫发应注意哪些事项?

　　(1)烫发不宜太勤,尤其是头发特别细软的人,以间歇半年或一年烫发一次为佳。

　　(2)烫发后的 48 小时内不可进行染发,洗脸、洗澡时勿弄湿头发,以免使烫发吸湿变形。假如头发被浸湿,不可用梳子梳理,以免头发变形。

　　(3)为保持发型持久,枕头不宜太软,将易变形的头发用卷筒按原卷曲纹路卷起来,用头巾或帽子包好。翌日,拆下卷筒,稍加梳理即可。不要戴过紧的工作帽,若戴帽,宜将头发先梳平整,然后戴上。

　　(4)烫发后,不可为了保持发型而过久不洗或减少梳头次数,否则反而导致头发不卫生、不美观。

　　(5)烫发液是碱性溶液,多少有点刺激性,如果使用不当,与头皮接触时间过长,可引起刺激性皮炎。

57. 哪些人不宜烫发？

烫发一般不会有什么危险，但有五种人不宜烫发。

（1）长期露天作业者，因为这些人头发常暴露在强烈的阳光下，而阳光中的紫外线易损害发质，使发质变得干燥、易断和开叉。

（2）妊娠期及分娩后半年内的妇女。在这个时期，女性生理发生较大变化，内分泌也有所改变，此时的发质比较脆弱，头发容易脱落，如再用化学药水烫发，等于雪上加霜，发质受到损害，于是会导致大量脱发。

（3）患了传染病后2个月左右的患者（包括患了大病后），此时处于恢复期，精血不足，营养匮乏，健康状况较差，头发也处于低营养状态中，发质枯黄，烫发会加快其脱落。

（4）儿童和少女不宜烫发。

（5）已经患脱发症的人更应对烫发、染发取慎重态度，千万不能再去损害头发。

十三、染发的得与失

染发已有悠久的历史，据说从古埃及的法老年代就开始。由于人们把白发与衰老联系在一起，所以，白发染色是常理中的事。可国外女性染发只是为了顺应流行，故意染上各种颜色，如今这种头发颜色随时尚变换的风气也传入国内。当然，国人染发，通常还是黑色为多。

一般来说,染发是安全的,质量好的染发液不应该有刺激性、致敏性,但是,大多数染发液毕竟还是成分复杂的化学制剂,使用不当,可能招致不必要的烦恼,甚至产生潜在性危险,应引起注意。

58. 染发剂有几种?

我国古代早有以黑豆醋染发的记载,方法是黑豆50克,米醋500毫升,浸泡后用文火煎汁,每日用细刷蘸涂白发一次,让白发变黑。

如今市面上染发剂名目繁多,但一般不外乎膏状、液状、粉状三大类。按其性质可分为植物性、金属性和合成有机染发剂等。

植物性染发剂如散沫花、春黄菊染料等,效果不好,易脱色。

金属性染发剂可在毛干表面形成一层有颜色的氧化物或硫化物薄膜,常用的有醋酸铅、硝酸银等,通常被制成发乳、发膏,不良反应较多(包括吸收中毒)。

合成有机染发剂有永久性、半永久性和暂时性三种。暂时性染发剂为酸性,大分子染料,不能渗透入毛发内,可在头发表面覆盖一层色素膜,能用洗发剂洗去,产品以液体、膏剂多见,多用于文艺工作者;半永久性染发剂中的染料分子较小(如硝基染料),有液体或喷雾式,直接施用于头发,可部分地渗透到头发的角质中,一次染发能保留到6~10次洗头。通常以液体乳剂出售,使用安全,极少引起过敏,这是目前国内外普遍采用的染发剂;永久性染发剂(或称氧化性染发剂),由两种不同的药液组成,即对苯二胺、对甲苯二胺和其他同类化合物与过氧化氢混合生成醌——二亚胺,它能透入毛发,聚集在毛皮质内,形成大的聚合物,这种染发剂虽有时可致皮肤过敏,但它染出的头发色泽比较自然,且永久不脱色,故目前仍有人采用。

59. 染发剂对头发、对人体有害吗?

护发专家曾指出:染发是经过化学作用的过程,最容易使头发所需的水分和蛋白质大量减少,直接使头发死亡,最后脱落。

据报道,美国红歌星麦当娜,在其事业如日中天之时,却为其脱发大伤脑筋。为增添魅力,塑造摩登的艺术形象,她不断染发,一会儿满头金光闪闪,一会儿红丝丹丹,一会儿黑发泛滥……这样不出几年,昔日她那头浓密光润的柔发不复见了,每天梳头时是一把把的脱发,着实令麦当娜忧心忡忡,遍求名医而无良策。

在生活中由于染发不断、染发剂滥用,也给人们带来很多烦恼与隐患。

因染发引起头面以至全身过敏性皮炎,染发剂刺激、损害毛囊导致脱发的病例,对皮肤科医生来说已是屡见不鲜。久用染发剂,有的易患伤风、感冒,而可怕的莫过于抑制骨髓功能,诱发再生障碍性贫血。美国有位科学家分析了169种染发剂,发现其中的150种含有致癌物质。所以,染发剂的最大潜在性危险是致癌。

60. 使用染发剂要注意什么?

(1)使用者首先应选购具有卫生标志(如卫妆准字

号、生产日期和有效使用期限等）的染发剂。在使用前，要详细阅读使用说明书，并按要求在前臂内侧选一小片皮肤做斑贴试验，观察 24 小时，若皮肤无灼痒、丘疹等异常反应，方可用其染发。

（2）染发前，先洗净头发（头发不干净会影响着色），擦干、梳顺，在头发邻近部位的面部皮肤涂少量油类，并用布遮好身体，以防护皮肤、衣服受染。

（3）按说明书调制好染发水，用蘸上染发剂的小刷子，均匀地涂刷。一般先从头顶开始，然后两鬓，直至全部头发，并且边涂边用梳子梳理。

（4）染好后，让头发自然干燥，再用温水冲洗去残余的染发剂，并用洗发剂洗净头发，涂上发乳或发油，使头发显得乌黑发亮。

（5）有贫血倾向、头皮破损者及女性经期不宜染发。

（6）不可用染发剂染眉毛、睫毛、胡须等，以免造成染发性眼炎（轻者眼睛损害，重者可致失明）、染发性皮炎。皮肤或双手沾上染发剂一定要清洗干净。

（7）如有染发剂变态反应，应清洗头发、去除染料、口服抗组胺药。有糜烂时，用 3% 硼酸水湿敷，也可根据皮损性质选用外用药治疗。

十四、假发的选择与佩戴

中国有汉元帝"额有壮发，不欲见人，以帻服之"；"王莽顶秃以布巾盖之"。即以巾帻代替今之假发的传说。

在国外,据说法兰西国王路易十三总是用假发来掩饰秃顶,在国王的大力倡导下,逐渐形成了欧洲人爱戴假发套的风俗;从17—18世纪起,英国的律师与法官出庭时,都必须戴假发,这个特殊的规定一直沿袭至今。

当代的意大利女郎似乎正在引领假发的新潮流,她们并不是秃发的人,而是把假发作为一种装饰品,就像时装与首饰一样。假发作为一种新的美容消费品,也在我国悄然流行,它不仅为脱发患者所钟爱,也成了人们改变与美化自我形象的佳品。

61. 假发有哪几种类型?

目前我国市售的假发种类繁多,从用途上分,可分为生活假发、装饰假发、戏剧假发、模特假发、教学练习假发五大类。

从长短、式样来分,可分为披发式、长发式、短发式、半截式、卷发式、波浪式、辫子式及直发类、卷发类、束发类。

从颜色来分,有黑色、浅褐色、浅棕色、金黄色、银灰色、亚麻色和红色等。

按假发的制作材料来分,有纯人发的假发和人造纤维假发。

按制作方式来分,有机织、半机织、全手工织几种。

按规格大小来分,有片发、头套两种。

62. 怎样选择、佩戴假发?

选购人造头皮假发,佩戴者本人应到商店或厂家,先

用一种特殊塑料片取其模型,按头部弧度和脱发范围制好人造头皮,并取其头发为标本,配好熟发,再按人发密度、发丝流向,均匀地手工钩制成假发片,最后再在人造头皮上黏上特制的发块夹子,将发块固定在自身还有的部分头发上,进行修剪、卷烫定型。此假发几乎可以以假乱真。

装配假发头套时,先得把头型尺寸量准确,包括头圆一周:从左耳上方发际线过头顶中心到右耳上方发际线,以及从额前发际线过头顶中心到后脑下发际线的准确尺寸,量好后再按自己喜爱的假发长度、色泽、发型式样、发丝粗细度等,精心选购适合自己的假发头套。

假发与真发不同,且假发有纯人发与人造发之异,无论哪一种假发,均应由专业发型师来进行修整。假发修剪要顺其自然地戴在头上用剪子竖着剪,一层层地修剪出层次,并与真发自然地衔接起来,达到以假乱真的效果。女性假发修剪前,应确定好发型式样,然后根据式样做精细的修剪定型。若需做烫发处理,烫发时间 30 分钟即可,定型吹风温度不要超过 70℃,否则会损害假发。

63. 怎样护理假发?

不论是纯人发还是人造发的假发,用久了都会受污染、变脏,因此,在使用假发前最好在发套里缝垫一个发网,这样既有助于固定,又便于清洗。

假发一般每隔 3～7 天清洗一次为妥。洗涤前,先要用粗齿软刷或稀齿木梳轻轻自上而下梳理,将污垢、灰尘刷洗干净。然后将假发放入溶有洗涤剂的温水中(水温

25～30℃），浸泡10分钟后用手轻轻漂洗，漂洗时可用梳子梳去假发上的黏结物。注意，千万不可将假发放在水中揉搓，以免假发脱落和断发。最后再用清水将假发冲洗干净，用干毛巾轻轻擦吸干假发上的水分，给假发涂少许发乳，挂在通风处自然晾干，再用卷发器固定或吹风定型。如不经常使用，可用塑料袋装好密封收藏。

另外，生活假发可根据使用者的要求，就像对待头发一样修剪烫染，整理出满意的发型。每天佩戴时可用软质排骨刷和稀齿大木梳轻轻按发型要求进行梳理。如暂时不用，可用发夹按波纹方向夹好固定；睡觉前要将假发头套取下，整理好放通风处。

64. 佩戴假发时应如何注意保护头皮？

佩戴假发后，由于头上就像戴了顶厚帽子，使头皮发热，而热是一种催化剂，能促使头皮新陈代谢加快。因此，头皮就容易冒汗，并分泌出较多的油脂，变得较为油腻。有头皮屑增多趋势的人，则戴假发会使症状更严重。

所以，佩戴假发者每晚最好洗一次头，清除头上的油腻、污垢，以保护头皮、头发的清洁、卫生。

下篇

头发的脱落与防治

一、脱发的原因与类型

在一般情况下,头发的脱落与新生处于相对平衡状态,所以不易被人觉察。一旦脱发多于生发,头发就会逐渐稀少而出现病态的脱发症状。当然,老年人因衰老而脱发,自当别论。

65. 脱发的常见原因有哪些?

导致脱发的因素有许多,既有先天性或遗传性的因素,也有后天性的因素;既有生理性的原因,也有病理性的原因。不过,后天因素,即一些病理性因素引起的脱发最为常见,如一些急慢性传染病、各种皮肤病、内分泌失调、某些药物、理化因素、神经精神因素、营养因素等,均可导致脱发。

66. 脱发有哪些类型?

根据脱发的原因,我们将由先天性或遗传性原因引起的脱发归类为先天性脱发,将生理性原因引起的脱发归类为生理性脱发,将各种病理因素引起的脱发归类为病理性脱发。

在医学上,根据脱发患者的临床表现,又将脱发分为暂时性脱发和永久性脱发两大类。暂时性脱发是指因各种原因使毛囊血液供应减少,或者局部神经调节功能发生障碍,导致毛囊营养不良(但无毛囊结构破坏)而引起的脱发。经过对症治疗,待毛囊营养改善后,新发又可再生,并有可能恢复原状。常见的暂时性脱发有斑秃、全秃、病后脱发、药物性脱发等。

由于各种病变造成毛囊结构等被破坏,引起头皮局部瘢痕,以致新发不能再生,则称为永久性脱发,如瘢痕性脱发。另外,男性型秃发虽不一定形成瘢痕,但由于毛囊萎缩,毛发再生往往相当困难。

由此可见,暂时性或永久性脱发主要取决于毛囊是否受损与受损的程度如何,以及头发的生长基地——毛母质(毛发干细胞)是否健在、是否能发挥作用,也提示了脱发的预后。因此,脱发患者只要在脱发处取一点皮肤组织做病理切片检查,看看患处的毛囊、毛发干细胞是否缺损,就可以知道自己能否治愈。

另一方面,由于影响、制约头发生长的因素较多,即使毛囊尚存、毛发干细胞健全,有些脱发患者也不一定能如意生发、恢复原状。因此,脱发患者也需要做好一定的心理准备。

67. 什么是生理性脱发?

生理性脱发是指在正常的新陈代谢状态下的头发脱落,包括自然脱发、婴儿脱发、产后脱发、老年性脱发。

每个人的头发实际上每天都有脱有生,生生不息,永无止境。如果每天脱发在100根以内,基本上可以说是正常现象。这种每日头发的更新脱落为自然现象。

新生儿在生后数周中,可以出现胎毛脱落,经数月后复原,属于正常现象。每个新生儿头发的多少是有差别的,胎儿在母亲的子宫里发育到五六个月时,全身就有了浓密的胎毛,以后再逐渐脱落。如果胎毛脱落过多,出生时,头发就显得稀少。有的新生儿只留下眉弓、上唇及头顶的毛继续生长,变得粗壮些,但生后数月也脱掉。相反,极少数胎儿,胎毛不脱落,出生后不但头发浓密,全身的汗毛也像头发那样又浓又重,这就是"毛孩"现象。婴儿也可因头部不断摩擦而引起脱发。这是由于新生儿毛发的发根还未能很牢固地附着于皮肤内,因而尽管摩擦并不频繁,也会引起毛发的松动脱落。

产后脱发是一种生理现象,它与产妇的生理变化、精神因素及生活方式有一定的关系。一般在产后半年左右就自行停止。女性头发更换速度与体内雌激素水平的高低密切相关。雌激素增多,脱发速度减慢;雌激素减少,脱发速度加快。产后 6 个月内生殖器官功能处于恢复阶段,雌激素分泌明显减少,引起脱发。有些女性分娩前后因各种原因情绪不稳定或精神有压力,导致机体代谢紊乱,营养供应不足,诱发脱发。怀孕期饮食单调,加上母体对各种营养物质需要增多,如不及时补充,产后造成体内蛋白质、钙、锌、B 族维生素的缺乏,影响头发的正常生长和代谢,使头发枯黄易断。产后脱发一般不会形成弥漫性脱发,脱发的部位大多在头部前 1/3 处。随着分娩后机体内分泌水平的逐渐恢复,脱发现象会自行停止,一般在 6 个月左右即可恢复。

正像人不可能长生不老一样,青春、健美的头发也难保有终生;人至中年以后,毛发根部的血供和细胞代谢减退,新生的毛发数量逐渐减少,休止期毛发数量逐渐增多,头发逐渐稀疏。中年之后,正常人都会有少量脱发现象。一般顶部头发更易脱落,且男性比女性多,女性发际从小到老一般没什么变化,但大约50％男性随年龄增长,额部发际不同程度后退。

生物学上的更年期,是指由于生育的结束而引起的女性体内的生理变化。更年期脱发是由于产生激素的性腺(卵巢、睾丸)功能发生变化,导致激素平衡发生紊乱所致。许多女性随着卵巢功能的逐渐停止,会产生一种类似男性型秃发的头发脱落,这是由于激素平衡暂时转变为雄性激素较多所引起的。更年期越短,就会发现脱发越明显;而对于更年期较长的女性来说,脱发的进程将会比较缓慢。更年期结束后,女性的身体将逐渐获得新的激素平衡,脱发可能将有所恢复,但并非所有脱落的头发都会重新长出来。

68. 什么是生长期脱发?

毛发的生长期是毛发生命中最旺盛的阶段。在正常生理条件下,生长期的毛发,每天均在不停的生长,是不会自行脱落的。但同时处于生长期的毛发对许多毒性化学性或物理性因素更为敏感,当受到某些药物和物理因素及精神因素的有害影响时,会使生长期的毛发在短期内大量脱落,这种脱发统称为生长期脱发。药物敏感的生长期脱发较为常见。近年来,癌症已成为老年人的多发病,很多抗癌药物均能造成脱发。几乎所有抗细胞分裂、抗叶酸和放射性药物,均有毛发生长期毒性,都能造成生长期脱发。抗代谢药物如叶酸拮抗药白血宁和甲氨蝶呤等导致的毛球萎缩是可逆性的。其他对生长期毛发的毒性作用很强的药物也可引起生长期脱发。物理因素如 X 线照射等也能使毛发在短期内大量脱落。砷、铅、铋等重金属可引起生长期脱发，有些是引起缺铁后间接导致秃发，所有能引起生长期脱发的金属元素量大时可引起严重的全身中毒症状或死亡。

治疗生长期脱发时，应尽快找出脱发的原因，在可能的情况下，立即停服有关的药物并除去有关因素。绝大多数因药物造成的生长期脱发，都是暂时性的，停药后可恢复。由抗肿瘤药物造成的脱发，应考虑到肿瘤的严重性，除继续服药治疗肿瘤外，在不影响疗效的情况下，可适当地调节药量。同时，为促进毛发的恢复和生长，可加服 B 族维生素、胱氨酸和维生素 E 等。

69. 什么是休止期脱发？

正常年轻成人头皮至少 80% 的毛囊处于生长期。休止期脱发是由于发热、产程延长和难产、外科休克、出血和精神因素等刺激，使生长期毛发提前进入休止期，从而引起弥漫性脱发。脱发的程度与刺激时间的长短和刺激的强度有关，也与个体差异性有关。

引起休止期脱发的病因很多，包括：①内分泌的改变，如甲亢或甲低、产后及绝经前后。②营养因素，包括热量、蛋白、必需脂肪酸、锌、生物素及铁的摄入过少或缺乏。③药物，有抗抑郁药、血管紧张素转换酶、抗有丝分裂药（剂量依赖性的）、β 受体阻滞药、锂剂、口服避孕药、维 A 酸类药、丙戊酸及维生素 A 过多。④躯体应激状况，如贫血、系统性疾病、外科手术及精神应激等。

婴儿期休止期毛发的脱落是正常现象。头在床上摩擦后枕部头发易脱落是由于静止期毛发松动之故。产后脱落是因为妊娠后期生长期到休止期的转换率明显延缓，此时正常时应进入休止期的头发并不进入休止期，一直到产后才转入休止期，以致产后进入休止期的毛发数量增加。

休止期脱发并不可怕，一般脱落头发不会超过原发量的一半。多数病人在脱发后数个月逐渐恢复。治疗方面要注意营养和休息，保证有充足的睡眠；口服胱氨酸、多种维生素等；中药可用八珍汤、十全大补汤等。一般经调养及内服药即可，如需局部用药则可用 2%～5% 米诺地尔酊。

70. 什么是机械性脱发？

机械性脱发又称牵拉性脱发、发型性脱发、压力性脱发，是头皮受到外源性的损伤而引起的脱发。

女性在头发美容时，长期用太紧的卷发夹子，强力梳发并使用发夹，经常缠头发时间过久，习惯性盘发，戴帽过紧或要维持一定的发型而使头发长期处于紧张状态，造成头发受到慢性牵拉。长期的拉力导致毛囊真皮乳头的毛细血管阻塞，局部毛囊数目减少，毛发处于休止期。

某些特殊的发式造成头发的折断或脱落，头发受到各种化学物质的损伤后，在牵拉作用下导致断裂，如京剧演员及女运动员，为演出和比赛，常把头发往后拉，并用丝带或橡皮筋紧紧扎起来，造成前额头发折断脱落，发际线后退。脱发发生在头发受牵拉的部位,严重时将毛囊乳头破坏或拉出,使得毛发不能再生,造成永久性脱发。

拔毛癖是病人自觉或不自觉地将头发、眉毛、胡须、腋毛或阴毛拔去。一般是连根拔出,若毛发不是全部拉出而是折断者则为断发癖性脱发。女性头皮边缘的脱发性毛囊炎是一种常见的牵拉性脱发。

牵拉性脱发其脱发发生在牵引部位,无张力部位不脱发。患处毛囊周围发红,有少许鳞屑,偶有毛囊性小脓疱。有的病例可见有毛囊性角化不全性黑点和管型毛发。后者为围绕发干的黄白色角蛋白圆柱,直径 3～7 毫米;拔毛癖所致的脱发常为单个或几个,常位于额顶部或额颞部,但身体其他有毛发部位均可发生。儿童中较多见,一般为 4—10 岁的儿童,弱智儿童中尤为多见。成人少见,成人中以妇女较多。早期毛囊示严重损伤,而毛干正常,或有脆发。以后,许多毛囊萎缩,只产生软的、扭曲的毛发;压力性脱发发生在局部长期受压处,如新生儿枕部脱发,幼婴枕部头发稀少。成人长期麻醉后也可产生压力性脱发;按摩性脱发,其脱发呈斑片状,头发断裂,失去光泽,常见于青春期。

71. 扎辫子会引起脱发吗?

在临床上经常会遇到一些诉说自己脱发严重的女性患者,经过仔细询问和观察发现,这些患者都有一个共同的"爱好"——把头发扎得很紧。

那么扎头发真的也会引起脱发吗?

的确如此,扎辫子引起的脱发已经有较多的调查研究,也有其比较明确的发病机制。扎辫子引起的脱发其实与扎辫子这个行为本身没有太大关系,但是脱发却是因扎辫子的过程而引起。一些女性借助于橡皮筋或发卡用力将头发固定保持一个发型,天天如此,而且一天要持续扎着辫子八九个小时甚至十六七个小时。

头发本身有一定的韧性,可以在一定的压力内维持自身不致断裂,另一方面,毛发生长在毛囊中,就像一株小草长在土壤里一样,即便下面有它的根,人们用力也是可以将其拔出的,因此,只要详细询问病史并结合病人的发型及头饰还是不难诊断的。其实并非说这种脱发类型就只有在女性身上才会发生,我们之所以看到的都是年轻女性患者,是因为中国男性一般没有扎辫子的习惯,因此一般不会出现这种牵拉性脱发,但是国外有些民族或地区的男性也有这些习惯,所以在他们中也可以见到这种脱发类型。

明白了这种脱发的产生原因,就可以进行对症处理,其实对于这种牵拉性脱发的治疗极为简单有效的办法就是停止扎辫子或改变发型,越早越好,因为如果毛囊伤害严重出现瘢痕,局部的头发将不能恢复。当然因为工作等需要完全做到这样对于一部分人而言也不现实,那么可以做的就是扎辫子时手法尽量轻柔,不要过紧,而且,一到休息时间尽量将头发放松,给头发以充分的休息,如果实在难以如此或脱发情况较严重,那就要考虑调换工作了。

72. 脱发会因季节而变化吗？

头发有自己的寿命，长到一定长度，毛囊萎缩，自然会脱落下来，这是一种正常现象，一年四季均可发生。

秋季是脱发最明显的季节。夏秋季节更替之时，毛囊因受夏季紫外线照射及高温的影响，受到一定的伤害。秋季气温骤然下降，毛囊收缩加快，对营养不足或严重受伤害的毛囊会造成萎缩，长出细小头发或不长头发，造成头发越来越少。秋季脱发是一种正常生理现象，如果每天不超过 100 根就无需慌张。保证充足的睡眠可以促进皮肤及毛发正常的新陈代谢，注意饮食营养，常吃富含蛋白质及微量元素丰富的食品，少吃油腻及含糖高的食品。避免过多的染发、烫发和吹风，夏季要避免日光的暴晒，游泳、日光浴更要注意防护。选用对头皮和头发无刺激性的无酸性天然洗发剂，不用塑料梳子，每天勤梳头，按摩头皮，促进血液循环。

73. 脱发会影响患者的生活质量吗？

国内有学者就脱发患者的生活质量专门进行过调查，结果显示脱发患者的生活质量显著低于正常人，年龄越小、文化程度越高、具有脱发家族史的患者生活质量下降更加明显。通过调查发现，生活质量越差的患者，其抑郁程度越高，提示脱发不仅对患者的生活，而且对其心理产生巨大影响。

脱发会对患者的心理产生影响，这点在年轻的单身男性患者身上尤其明显，他们心中的压力与焦虑最为严重。年轻的男性型脱发患者容易产生焦虑、抑郁的情绪，与此同时，这些由于脱发造成的心理问题反过来进一步加重脱发的病情进展，由此形成一个封闭的心理失衡的怪圈。解决脱发人的心理问题可能比生理问题更重要。所以心理疏导必须是脱发治疗的一部分。

　　尽管脱发不会给人的生理功能带来影响，但绝大多数被调查者认同脱发是一种疾病，会影响人的外观，使人缺乏自信。尤其是那些未婚青年男性脱发患者心理压力更为巨大。对年龄稍大的男性患者而言，脱发则意味着衰老的开始，甚至会让他们联想到死亡，并因此产生心理恐惧。焦虑的心态或抑郁的倾向不仅会影响患者的身体健康和生活品质，而且会加快加重脱发发展。

74. 脱发患者可能出现哪些精神心理困扰？

　　脱发疾病直接影响患者形象，大量研究证实脱发患者会产生不同程度的心理问题，包括无自信、焦虑、抑郁、过度的自我关注等。严重患者可出现身体变形障碍，也称为变形恐怖症，表现为过度关注一些轻微甚至是不存在的外观缺陷。大多数这类患者沉溺于自身"缺陷"中，反复求医，始终处于焦虑状态。长期如此，形成严重的社会适应问题。

　　斑秃作为突发性、快速进展性、斑片状脱发的一类脱发疾病，导致患者突然间外观发生改变，对患者的生活质量及心理的影响更明显。许多学者认为应激事件是斑秃的发病原因之一。部分斑秃患者会出现言语表达障碍，无法清晰表达曾发生的应激事件。心理学认为这是一种精神极度受创后的回避反应,在这种情况下患者无法把躯体的不适与心理问题联系起来。

两性相比,男性脱发患者表现出更多的攻击倾向,而女性则更易出现抑郁。原因可能是女性对外观形象更重视,脱发后更易出现社会回避。

75. 哪些人群容易因为脱发出现心理困扰?

我们发现患者出现的心理问题并不与其脱发的程度绝对相关。国外研究者认为患者本身的人格特征可能与其是否出现心理精神问题有关,例如对斑秃患者研究后认为,依赖型人格最易出现心理问题,其次是反社会型人格;针对雄激素源性脱发患者进行调查,发现男性脱发患者出现心理问题的几大易感因素包括:①年轻男性(年龄小于26岁)且早期脱发;②无恋爱对象;③把脱发看成是引人注意的,希望能得到改进;④高社会价值指向、低自我认可度和高外观重视度。

脱发的心理问题在特殊人生阶段尤其显著,例如求职、求偶等。在这种情况下,无论男女都会发现脱发极度影响生活质量,甚至会将这一问题作为生活其他方面不顺的原因。而随年龄增长,对脱发的适应度增加,求治的欲望也随之下降。其原因可能是经济和社会地位改善所带来的自信增加。

76. 诊断脱发时应该注意哪些因素?

当我们在日常生活中发现自己或家人出现脱发增多时,其实不必惶恐。我们在就医之前,完全可以先作一个自我评估，了解脱发的大概原因。那么，我们应该从哪些方面抓住脱发的特点呢？总结下来，为以下几个方面：

（1）发病年龄：出生时或婴幼儿期发生脱发，如果头发脱落后数周即可恢复者，为生理性脱发；不能恢复者，多为遗传性或先天性脱发。头癣、拔毛癖多见于儿童期，青少年或青年期发病者多见于机械性脱发、斑秃、头发侵蚀或发干疾病。妇女哺乳期发病多为产后脱发，中老年发病常见于老年脱发或雄激素源性脱发。

（2）起病过程：斑秃、拔毛癖多为突然起病，不经意间突然发现；男性型脱发和老年性脱发为缓慢进展；生长期脱发患者，脱发前多有接受化疗或其他含铊、铅等化学制剂治疗；休止期脱发患者多在发病前有其他躯体疾病症状。

（3）脱发范围：弥漫性脱发多见于产后脱发、甲状腺功能异常、垂体功能减退、红斑狼疮、贫血、营养不良或发热性疾病后；前额两鬓角、头顶部脱发多见于男性型脱发或发型性脱发；枕部脱发多属于物理性脱发，与局部头皮的慢性摩擦有关；妇女头皮边缘的脱发属于发型性脱发，改变发型，减少局部牵拉脱发即可恢复；脱发呈斑片状脱落，应考虑斑秃、拔毛癖或梅毒性脱发；头发完全脱落为全秃或普秃，但应该与先天性脱发鉴别。

（4）脱发数量：每日脱发少于100根，多为生理性脱发；短时间内大量脱发，形成急性、多发性斑秃，甚至全秃，多为生长期脱发；如果脱发进展缓慢，脱落的毛发不超过50%者，应考虑休止期脱发；出生后1～6个月内发病，头发全部脱落后不再长出，应考虑先天性脱发。

（5）头发形态：斑秃等生长期脱发疾病，其脱落的头发近端毛球萎缩变细呈感叹号样；休止期脱发脱落的头发近端呈棒状或杵状。

（6）伴发疾病：临床上很多脱发都与全身各系统疾病有关。出现脱发不能仅考虑毛发疾病，还应全面分析精神神经、内分泌、营养代谢、理化损伤、感染、先天等各方面因素。

77. 脱发患者应该进行哪些体格检查？

大家都知道去医院就诊医生往往除了询问病史以外，也通常会做一些体格检查及化验检查来辅助或肯定疾病的诊断。尤其是体格检查历史悠久，无论是在西医或中医的发展过程中均发挥着重要作用，而且随着现代医学的飞速发展，体检也变得更为正规、更具有科学意义。在毛发疾病的诊断过程中，尤其是在脱发疾病诊治中，皮肤科医生会向患者详细询问病史，观察脱发的大概情况，观察脱发区的大小、数目，脱发区头皮的颜色、光滑度，检查患发长度、脱发形态和分布特点、新生毛发生长情况等。同时进行详细的体格检查，整体了解患者的全身健康状况。关注全身伴发疾病，如内分泌、营养状况不良造成的相应症状。

除了上述的一般体格检查，还有一些针对毛发的特殊检查，如拔发试验、钳发试验、剃发试验。脱发定量分析：嘱患者连续 7 天收集自己脱落的头发，统一放在一个容器中。7 天后计数全部的脱发量，再计算每天平均脱发量。正常情况下，每天脱落头发 50～100 根。这种试验方法有助于准确确定脱发量,提示患者病情进展情况,恢复与否。毛发脆性试验:一手固定一束头发,另一手用力牵拉该束头发,如果头发脆性增加,则很容易被拉断;反之,则不易断。该试验与拔发试验一起进行,可以辨别病变的部位在毛囊或毛干。毛发弹性试验:取测试部位头发2~3根,将其向两边轻拉,注意勿将头发拉断。记录头发拉长前后的长度,并观察头发是否能恢复原来的长度。健康、弹性好的头发可以延长20%~30%,且能恢复原来的长度。如果达不到上述标准,说明头发弹性下降,发质变差。

78. 什么是"拔发试验"?

医生选择头发稀疏或脱发区边缘的头发,用拇指和示指以适当力度垂直提起一束约50根的头发,沿头发纵轴缓缓向外拔,选择不同部位重复数次。正常情况下一般只有2~5根头发被拔出,然而在斑秃患者进展期,往往会有6~20根头发被拔出,这时称为拔发试验阳性。该试验阳性对于确定斑秃的分期及用药、预后等有重要的指导意义。另外,染发、烫发及使用某些可能导致毛发脱落不良反应的药物、较严重的疾病时,拔发试验也可见较多的头发脱落。

79. 什么是"钳发试验"?

当需要了解头发生长期和休止期比率,或需证实有无生长期脱发或休止期脱发时,应该进行钳发试验。检查前,测试者4天内不要洗头或使用护发用品,选择可疑脱发部位,剪除一小簇头发,约 50 根,保留发根部约 0.5 厘米。用止血钳夹住 5～10 根头发,快速用力拔出。反复进行该动作,直至拔出 50 余根头发。将拔除的毛发近端固定在载玻片上,显微镜下观察生长期和休止期毛发比例。正常情况下,生长期毛发占总毛发的 66%～96%。退行期毛发占 0～6%,休止期占 2%～18%,发育不良或营养不良毛发占 0～18%。

80. 什么是毛发的光镜检查?

将拔发试验或钳发试验中取出的头发,用显微镜进行静态观察的方法,称为毛发的光镜检查。该检查可用于判断取出的毛发性质、受损程度,为指导治疗、评估进展提供依据。

低倍光镜下(放大 5～10 倍),观察毛发粗细是否一致,发梢有无分叉,毛干有无膨大、纵向分裂、变形,毛发近端有无毛囊、毛球形态及周围内外根鞘情况。经过化学染色后,内毛根鞘呈现一条狭长的红色条带。正常生长期毛发毛球部湿润、含色素。生长早期毛球表现为类似于金字塔形状,生长晚期毛球则表现为柱状,内外根鞘与毛干连接紧密。休止期毛球为棒状或烧瓶状,外被松散的上皮囊样结构,内外根鞘少见或缺失。退行期毛球呈柱状,内外根鞘皱褶样包绕毛干,或呈倒金字塔形毛球,内外根鞘与毛干连接紧密。发育不良或营养不良毛发毛球部萎缩呈感叹号,内外根鞘脱落。

正常情况下,拔发试验拔出的头发均属于休止期,光镜下为棒状毛球,毛干末端无色素、无角质生成带、无内外毛根鞘附着，毛发缺损。生长期脱发和生长期毛发松弛综合征患者拔发光镜下为生长期毛发。斑秃患者拔出的毛发毛干近端萎缩，上粗下细呈感叹号样。

81. 什么情况下脱发需要就诊？

每个人都会自然地出现脱发现象。每个健康的人经历脱发或头发再生长都是自然现象，因而不必对正常情况下的脱发感到紧张。当头发经过生长期和休止期之后，新的循环开始之时，头发会从其生长的毛囊中脱落，而一根新的发丝将取而代之。因此，每天脱落 50～100 根头发属于正常范围。

检验脱发数量增多的一个快捷简易的测验方法是用拇指与示指抓住 15～20 根头发，用力缓缓下拉，通常会有 2～3 根头发轻易脱落，如果超过 6 根头发脱落，便是出现问题了，若发现头发越来越稀薄，就应及时就医，向医生和专家请教对策。

82. 治疗脱发时应该注意哪些问题？

脱发一经确诊，应尽早开始治疗。脱发的治疗是一个需要耐心的过程，除了时间上的消耗，还必须注意自己的生活起居及与医生之间的积极配合。

控制脱发与脱发再生一直是医学界的一个难题，目前治疗脱发多采用外搽药物或内服中、西药物为主。

其实，防治脱发也可以从日常生活着手。精神状态不佳往往会诱发或加重脱发症状。对于斑秃患者而言尤其如此，因此应该减轻精神压力，千万不要让压力积聚。

平时需要养成规律的生活习惯,早睡早起,保证充足的睡眠。戒断烟酒,远离油漆、甲醛等化学刺激物,也不要染发和烫发等,以减少对毛发的刺激。参加适当的体育锻炼,以增强机体的免疫力。外出旅游,听听轻音乐,与朋友聊聊天……都可帮助人们缓解压力、消除烦恼。保持良好的精神状态,不仅可使精力充沛,也有利于头发的养护。

头皮是头发生长的"土壤"。要护理头发,必须先从护理头皮入手。头皮肮脏不仅会造成脱发,还会使新发难以生长。所以必须保持头皮清洁。要选用适合自己的洗发水,洗头的水不宜太热或太冷,平时洗头的次数不宜过勤,能及时除掉头皮屑及灰尘污物即可。

头皮按摩能促进血液循环,头皮的血液循环良好,毛囊就能够获得所需的营养物质,促使头发良好生长并且能延长头发的寿命。适当给头皮做按摩是一种良好的养发习惯,但按摩时应禁止搔抓头皮。

在日常生活中,讲究合理营养,均衡膳食,保证有足够的蛋白质和微量元素的摄入,不仅对健康长寿有益,也为新生毛发的生长提供充足的原料。例如含有丰富蛋白质的鱼类、大豆、鸡蛋、瘦肉及含有丰富微量元素的海藻类、贝类,富含维生素 B_2 的菠菜、芦笋、香蕉、猪肝等,都对保护头发、延缓老化具有良好作用。凡是辛辣食物、咖啡、烟、烈性酒等刺激物及生冷食物,会影响和阻碍血液循环;肥腻的食物,能增加头皮的油脂分泌,也应避免。饮食要清淡一些,同时要戒除烟酒。

治疗期间,脱发患者应该与医生积极配合,严格按照治疗方案进行治疗、随访,如果出现不良反应,应及时向医生反馈,以便医生给予相应的处理。

二、斑秃的防治

斑秃俗称"鬼剃头",为一种突然发生的局限性斑状秃发,其病因至今尚未完全清楚。患者局部皮肤正常,无自觉症状。不少斑秃患者可不经任何治疗而恢复正常,但也有部分患者虽经多种治疗而效果仍不明显。

83. 斑秃是"鬼剃头"吗?

有一位中年妇女,因家庭琐事与丈夫争吵,事后忧心忡忡,连续几夜失眠,一天突然发现后枕部有一元硬币大小的秃发区。邻居老太太告诉她,这是"鬼剃头"。这位中年妇女更是惊恐万分,几天之内秃发区逐渐扩大,头发几乎全脱光了。

世上没有鬼,自然就谈不上给人剃头的"鬼"了,那为什么称为"鬼剃头"呢? 这无非是说明,头发是在不知不觉中突然脱落,患者本人也不清楚头发是什么时候掉的,脱发过程短暂、神奇罢了。

这种在无病、无痛、无痒的情况下突然出现的成撮成块的脱发,医学上称为"斑秃"。中医古籍中曾有油风、毛拔、发落、发坠、鬼舐头等称谓。中医学经典著作《诸病源候论》中写道:"人有风邪,有于头,在偏虚处,则发失落、肌肉枯死,或如钱大,或如指大,发不生,亦不痒,故谓之鬼舐头。"古人所云"鬼舐头"系指块状脱发而言,其脱落处或如铜钱大小,或如指肚大小,患处不痛不痒。同时,古人也知道,"鬼舐头"非"鬼"所为,而是风邪侵袭正气虚弱的人体而发病的,一旦风邪侵入头部,而头部阳气不足,便致脱发。

在另一部古代医著《医宗金鉴》之《外科心法·油风篇》中,对斑秃是这样写的:"此证毛发干焦,成片脱落,皮红光亮……俗名鬼剃头。"可见,今日人们称斑秃为"鬼剃头",还是有其出处的。

84. 斑秃的脱发现象是怎样的?

斑秃是以头皮突然出现圆形、椭圆形脱发为特征。第一个脱发区可以发生在人体的任何部位,但常见于头部。即斑秃一般多发生于头皮,但也可发生在其他部位,如眉毛、胡须等处。

斑秃初起时多为独立的、局限性脱发,直径 1～2 厘米或更大,边缘清晰。随着病情的进展,皮损可逐渐增大,数目也逐渐增多,相邻的皮损区可互相融合,形成大小形状不一的斑片。病情若继续发展,皮损可累及全头,以致头发全部脱落。此时,头皮仍可保持正常外观,是为全秃。严重的病例,除头发完全脱落外,全身其他各处的毛发,包括眉毛、睫毛、胡须、腋毛、阴毛及全身体毛等,都会脱落,这种情况称为普秃。

有 5％～10％ 的斑秃患者,其脱发呈逐渐进行状,在几天到几个月的时间内,头发可全部脱落而成全秃,少数患者可发展成普秃。但无论是斑秃、全秃还是普秃,绝大多数患者是以斑状、完全、快速的脱发为特征。换句话说，斑秃是突然脱发的最常见原因。一般说来，多数患者在发生斑秃前是没有预兆的，但也有部分患者在脱发前有头皮局部的异常感觉，如灼热、刺痛、压迫感、麻木感、蚁行感、瘙痒等。部分全秃、普秃患者起病前有疲乏无力、萎靡不振、声音嘶哑、结膜充血等不适症状。

85. 斑秃的临床表现是怎样的？

据估计，人群中斑秃的发病率小于 0.1%；约有 95% 的斑秃患者病变仅局限于头皮；在男性斑秃患者中，约有 10% 的人胡须可受累，随着病情的发展，身体其他部位的毛发亦可脱落，这些患者发展成普秃的机会较大。

临床上，依病情的发展状况，斑秃可分为 3 期。

（1）进行期：毛发、皮肤损害范围日渐扩大，在秃发区周边外观正常的皮肤上，毛发疏松易抓落，有的折断仅 0.5 厘米长；近头皮的毛干萎缩，而无色素，末端毛发粗黑，呈棒槌状，因而上粗下细，像感叹号（！）。秃发区常可见到一些毛囊的开口，部分毛囊口并见到黑痣，这就是残留在毛囊内变性了的毛发残部，医学上称为"尸毛"。

（2）静止期：一般经 3～4 个月，斑秃可停止发展，并可长期保持原状，秃发区周缘毛发附着相当坚牢。

（3）恢复期：脱发区开始生长毛发。新生的毛发大都纤细柔软、颜色发白，类似毳毛，之后日渐粗黑，终于恢复正常。这种情况一般见于秃发时间长、已经稳定的斑秃区，此时已看不到典型的感叹号毛发，毛囊开口很难被分辨出来，甚至可被人认为是形成瘢痕。

无论是哪一期的患者,多数无任何自觉不适症状,部分患者可有头晕、起立时发生阵发性头晕眩、神疲肢软、失眠、多梦,少数患者有头皮发痒、腰痛、耳鸣、眼花等症状。医生检查时可发现,少数早期患者在秃发区可以看见红斑与水肿,毛囊口清楚可见。

另外,人体的表皮是在不断的更替,头皮、指甲也在不停的更新、生长,作为表皮角化的特殊形式,一些斑秃患者,尤其是有长期受累或全秃患者(据统计有 10％～20％),可出现指甲的病理变化。表现为甲凹窝较大、较浅,有的类似于银屑病(牛皮癣)患者指甲的点状凹陷;有的表现为甲纵嵴,甲板薄而脆,有纵行嵴状突起,远端常破裂和分层,偶有脱甲。

86. 斑秃可分为几类?

由于斑秃的表现多种多样,按照传统的分类方法,斑秃可分为如下 7 类。

(1)单纯性斑秃:脱发斑似拇指头大小,且只有 1 个。

(2)多发性斑秃:脱发斑在 2 个以上。

(3)全秃:头部毛发全部脱光。

(4)广泛性秃发:除头发外,常累及眉毛、腋毛、阴毛等,亦称普秃。

以上 4 型一般经过积极治疗,预后良好。

(5)网状迁延性斑秃:脱发时呈圆形,不久变成弥漫性脱发,但基本保持圆形状态,脱发范围甚至可不断扩大。此类患者大部分迁延难愈。

(6)恶性脱发:毛发脱落范围、部位广泛,除头发外,甚至睫毛、胡须、四肢的毛亦可发生脱落。

(7)蛇行样秃发：斑秃区的毛球呈现萎缩状态，仅能生长极短而细的软毛，容易再脱，呈此起彼伏蛇行样秃发，病程漫长，迁延不愈。

全秃、普秃等无疑是较为严重的脱发；它可突然发生，亦可继发于片状斑秃或为时较久的小片状斑秃。有4%～30%的斑秃患者可能会发展成普秃，这在年轻人中较为常见。普秃可在几周内发生，但通常从斑秃发展成普秃的间隔时间为2年；70%的斑秃患者在发病后5年或5年以上才发展成普秃。

87. 斑秃的病程有多长？

斑秃的病程很不一致，可持续数月甚至数年。一般说来，秃发的范围愈大，病程愈长。

斑秃常反复发作，且无规律性，仅有20%～30%的患者只发作1次。脱发后通常在几个月内即有毛发新生，约60%的患者在1年左右方长出新发。但秃发不能长全，随后又再次脱落，有40%左右的患者在1年之内复发，有的患者要5年后才复发。各类型斑秃均可能复发，复发间隔时间不一，给患者带来了较大的精神负担。

不过值得指出的是，斑秃多能自愈，积极治疗能缩短病程。

88. 引起斑秃的因素有哪些？

医学家根据长期摸索，发现以下因素与斑秃的发病有一定的关系。

(1)精神因素：大多数学者认为，斑秃是由于忧虑或精神刺激、环境的变化所致。

(2)神经因素：由于自主神经或中枢神经障碍所致。斑秃可在脑震荡、外伤后发生或加重。有学者研究发现，斑秃患者的脑电图异常率特别高。另据观察，有80%斑秃患者有脑血流图异常，头皮局部供血不良，可能是由于患者精神紧张，导致自主神经功能紊乱，交感神经紧张性增高，毛细血管持续性收缩，造成毛根部血液循环障碍，毛根种子层的细胞功能减退而发病。

(3)遗传：有斑秃家族史者占10%～20%，除母女同患外，还可发生在双胞胎。

(4)内分泌异常：甲状腺疾病合并斑秃者特别多，其中与甲状腺功能亢进的关系更为密切。女性在妊娠时，斑秃往往会自愈，但在分娩后脱发又可复发，估计这与激素有关。

(5)免疫功能低下：一些因免疫系统障碍而致的疾病，如寻常性白斑、糖尿病、恶性贫血、红斑狼疮、溃疡性结肠炎、特发性甲状腺功能低下等病，常伴有斑秃的发生。英国学者发现，斑秃患者末梢血管中的白细胞吞噬功能低下，并往往合并自身免疫疾病。美国学者1977年就发现，斑秃患者末梢血管中的T淋巴细胞显著减少，而它是人体细胞性免疫功能中起作用的一个系统。临床和实验研究证明，斑秃患者有体液和细胞免疫及补体系统功能的某些障碍。

(6)病灶感染：美国学者认为，病灶感染确能引起秃发，因为细菌等的感染可导致血管发生血栓或小血管发炎,使其支配范围的毛发由于血液供应受到障碍而发生脱发。另一学者还指出,第三臼齿阻生或根尖周围感染的存在,应考虑为持久性斑秃的因素。

（7）传染:有部分学者认为,斑秃可由真菌、细菌或病毒等引起。理由是斑秃可在学校宿舍、兵营中集体发病。

（8）头皮血液循环不良:有人指出,如果颅骨与头皮匹配不当,头皮过于紧张,则会引起局部血流不畅,致使毛发因营养供给不足而易脱落,从额部发际到头顶部易脱发。

89. 哪些精神因素可引起斑秃?

能引起斑秃的因素很多,但其真正原因是什么,至今尚未完全明了。一般认为,精神因素与斑秃的发病关系较密切。据统计,在发生斑秃前有确切的情绪紧张者约占半数以上,而伴有失眠、多梦者则更多。

据有关医学专家分析,引起斑秃的精神因素主要有以下几个方面。

（1）家庭因素:如家庭经济困难、生活纠纷、亲人病重或伤亡、子女教育等。

（2）个人因素:如升学考试、恋爱婚姻挫折、同事矛盾、受刑事处分、思念亲友等。

（3）疾病因素:如身患恶疾绝症、瘫痪、肢残、失明等。

（4）工作因素:如公务繁忙、旅差奔波、工作紧张等。

精神因素是如何引起斑秃的呢?医学家经过分析,推断出这么一个原理:当人们受到各种精神因素刺激,在情绪性应激状态下,机体的内分泌功能发生紊乱,免疫系统功能降低,导致体表毛发生长出现暂时性抑制,使毛发的生长基地——毛乳头出现一时性的血液循环量减少,局部缺血、缺氧,毛发生长所需要的养料不足,毛乳头萎缩,于是便发生了脱发。

医学专家发现,脱发患者有较突出的个性特征,41%以上的患者属内向和不稳定性格。他们常表现为孤僻、沉默寡言,为人冷漠,多愁善感,喜怒无常,易沮丧、失眠、激动,对各种刺激易产生强烈的焦急情绪。研究还发现,内向个性者发生斑秃的概率比稳定个性者高1倍。近一年内曾受心理社会因素刺激者,患斑秃的机会比未受刺激者高3倍以上,所以有人把斑秃也称为"心因性秃发"。据分析,性格内向的人,其基础脑血流长期保持在较恒定的水平,即使在外界经常性刺激下,脑血流也无明显增加,这就可能造成大脑皮质相对缺血,头皮毛囊的营养相对缺乏,进而引起脱发。心理、家庭、社会因素可使人体处于紧张状态,从而产生一系列的心理和生理反应。这些反应反复或长期存在,就会损害机体的防御系统,再加上个性特征、遗传倾向和免疫系统异常的影响,就可能发生斑秃。

据统计,斑秃多发生于二三十岁的年轻人,这可能是年轻人刚走上社会,面临生活、工作、学习、人际关系等多方面的压力,神经系统不够稳定,对挫折、困难的承受能力较差,容易受到精神创伤,引起免疫、内分泌等系统功能紊乱而致病。

90. 儿童会发生斑秃吗？

斑秃患者多为年轻人，而儿童甚至婴幼儿也可以发生斑秃，只是较少见而已。

英国毛发专家菲利普·金斯利报道过这样一个病例：有位母亲带着她6岁的女儿就诊，那孩子除了头顶上还有6根黑色长发外，完全是一个秃子。病史中了解到，患儿的秃发"生来如此"，还了解到那位母亲婚姻很可悲，婚后夫妻间一直大吵大闹，在她怀孕第7个月时，她被丈夫毒打了一顿，然后离家出走。在被丈夫遗弃后，她生下了这个婴儿，7个月出生的婴儿是能活的，发育可以是健全的，只是这位妇女的女儿降生时，却是一根头发也没有，这应该算是年龄最小的斑秃患者。

当这个婴儿还在子宫时，她的有些头发就已脱落，而在出生之前，她曾吞下了一些自己的头发。在出生后的头10天内，她将吞下的头发排泄到了尿布上。在她出生时，还发现她在子宫内脱落的头发有些已进入了她的肘后和膝后的皱襞里。分娩时，大夫不得不将这些夹在皱襞里的头发除去。

金斯利大夫还报道了一个病例：一对夫妇，生了3个孩子，前两个是女的，第三个是男孩，在男孩大卫出生后约3个月，当时两岁半的二女儿海伦，头顶上秃了一片头发。

在分析病因时认为，海伦的脱发，是由于父母过多地把注意力集中在大卫身上，而对海伦关心不够，使她在心里产生了不安、紧张和忧虑而引起的。

国内学者也报道过 41 例儿童斑秃病例,年龄从 8 个月至 12 岁,其中有精神紧张(学习或考试前后发病)的 11 例。

据观察,儿童斑秃有较高的家族发病率,血缘关系愈密切,发病率愈高。一般斑秃患者中的 15% 左右有家族史,而儿童斑秃患者中有直系亲属家族史的占 34.1%。

儿童斑秃常与过敏性湿疹或哮喘同时发生,而儿童全秃患者中有特异性过敏性遗传体质者占绝大多数。另有部分儿童斑秃患者同时伴有低血红蛋白性贫血及粪便蛔虫卵阳性。

儿童斑秃的脱发表现常不典型,可为匐行性脱发,在后头部可沿发际呈带状脱发。儿童斑秃在秃发初期或脱发过程中,脱发部位会出现瘙痒、疼痛等异常感觉,有的还伴有指甲损害。

91. 治疗斑秃首先要注意什么?

斑秃尤其是全秃、普秃,会给患者带来较大的痛苦,心理上的痛楚更是苦不堪言。患者四处求医问药,其急切心情可以理解。不过,斑秃患者应该知道这样一个事实:斑秃这种脱发是有自限性的,其病程虽然可持续数月、甚至数年之久,但大多数患者可以完全或部分自然痊愈。

因此,斑秃患者应持乐观态度,保持良好的精神状态,不要紧张、焦急,对治疗要充满信心,积极消除脱发带来的消极情绪及精神负担。要知道,疾病的恢复都有一个过程,斑秃的病程多半要持续数月以上,头发是逐步长长的,如果整天沉浸在严重精神负担之下,就可能影响、妨碍新发的生长,导致斑秃的自愈时间延缓,甚至会造成恶性循环,加重脱发病情。

头发的营养全部来自脑部,而在一般情况下,人体供给脑部的营养是有限的。如果头发过长,所消耗的营养势必增多,脑部便可能出现营养危机,大脑正常活动将受到影响,所以影响孩子智力除了一般因素及轻视早餐、甜食过量、便秘等外,还有一个特殊因素即头发过长。

长发是女性外部特征之一,可长发虽美,被其耗掉的头部营养,长年累月却难以计算。一般情况下女人比男人患头晕病的多,其中长发姑娘比短发的又多。不难理解,脑部营养过多地为长发占有或许是一个原因,而"头发长、见识短"之俗语,似乎也从此找到"依据"。

基于这些"趣话",我们不妨将这种脱发作为机体避免脑部缺营养而致脑部功能障碍、头晕乃至其他病症的一种"弃车保帅"的应激措施。如果是这样,斑秃则祸兮福所倚也!何忧之有?

92. 斑秃的局部疗法有哪些?

对于轻症斑秃(脱发斑似拇指头大小,数目在 1~3 个,脱发斑边缘毛发附着坚牢)可以采用局部治疗,包括局部封闭、针刺疗法、冷冻及外用药物疗法。

(1)封闭疗法:用醋酸确炎舒松 A(3~5 毫克/毫升)与 2%利多卡因混悬液于脱发斑处行分点、扇形封闭注射,每周 1 次,一般 1~2 周内即可控制病情,逐步长出新发。

（2）针刺疗法：取肾俞、肝俞、太溪、三阴交，配以血海、膈俞。毫针刺，用补法，或在局部用七星针叩打法。

又方：局部先用生姜或生蒜涂搽，再用梅花针叩打脱发处皮肤，隔日 1 次，10 次为 1 个疗程。

方义：肾俞、太溪补肾气、益肾水；肝俞调补肝气；三阴交补三阴经之阴液；血海、膈俞活血补血。

按辨证取穴，血虚型取肝俞、肾俞及足三里；血热型取风池、血海、足三里；血瘀型取太冲、内关、外关、三阴交、肺俞，局部配合梅花针叩击，每日 1 次。

（3）浅低温液氮冷冻治疗：浅低温液氮冷冻能使脱发区局部反复受到寒冷刺激，该刺激通过神经传导，可调整神经系统的功能，并反射作用于自主神经，促使皮肤血管的舒缩，毛囊血液供应增加，改善局部营养，促进毛发生长，且冷冻疗法有增进免疫的作用。

具体方法：用液氮棉签涂搽脱发区，使局部出现薄霜，待自然融化后再重复冻融 2～3 次，至明显潮红为止，每周 1 次，4 次为 1 个疗程，痊愈率可达 93.2%，有效率为 100%。经冷冻后重新生长的毛发为粗而黑的正常毛发。实践证明该法可刺激色素细胞合成大量的黑素。

93. 治疗斑秃局部可用哪些外用西药？

（1）高效类固醇激素制剂：如 0.1% 倍万液、去万液、地万液等，系由激素加上二甲亚砜、氮酮等渗透剂配制而成。

（2）致敏剂：①二硝基氯苯，方法是先外搽 2% 二硝基氯苯的丙酮溶液，使皮肤致敏，然后再每天外涂 0.001%、

0.01％或 0.1％二硝基氯苯软膏。有效率为 25％～80％。②方形酸二丁酯,是强接触致敏剂,有效率为28％～87％,对病程短于 2 年、治疗 3 周内发生皮炎的成人患者更有效,而二苯基环丙酮被认为比二丁酯更稳定,且不会诱发突变,它们治疗的不良反应是瘙痒、湿疹样反应等。③硫酸镍,有人用 0.1％～0.5％硫酸镍软膏治疗斑秃,效果显著。除头皮瘙痒外,无其他不良反应。

（3）刺激剂:①米诺地尔（长压定、敏乐定）,外用有扩张血管作用,使毛乳头血流量增加,直接作用于毛囊,促进毛囊上皮细胞的有丝分裂及局部的免疫调节作用。外用剂有 1％～3％霜剂、软膏或酊剂及复方米诺地尔（1％米诺地尔、2％氮酮）溶液。②盐酸氮芥溶液,每毫升含盐酸氮芥 0.2 毫克。③0.01％～0.25％蒽林软膏,有促进皮肤浅层血管数目增多、促进新发生长之效。

94. 哪些药膳可防治脱发?

（1）羊头乌发汤

【配料】 羊头 300 克,羊骨头 100 克,羊肉 100 克,黑豆、黑芝麻各 20 克,核桃仁、山药、熟地黄、菟丝子各 10 克,葱 10 克,姜 8 克,白胡椒、味精、盐各少许。

【制作与用法】

①将羊骨、羊头打碎成大块,洗净;羊肉洗净,入沸水锅内氽一下,去血水;姜洗净切片;葱洗净切段。

②将菟丝子、熟地黄、山药、核桃仁、黑芝麻、黑大豆洗净,用洁净白纱布袋装好,扎紧袋口,与羊肉、羊骨、羊头一同放入炖锅内,并加入姜片、葱段和白胡椒,最后加

清水 1500 毫升,先用武火烧开,去浮沫。

③捞出羊肉,切成 0.5 厘米厚、5 厘米长的片后,再放入锅中,以文火炖 3 小时,待羊肉炖至熟透,将药包捞出弃之,汤肉加入少许味精和盐调味即可。

④每日吃 1 次,食肉 100 克,喝汤,佐餐食用。

【功效】 补肝肾、益精血、润肤乌发、养颜美容。适用于肝肾不足、血虚所致的毛发失养。症见脱发、白发及毛发稀疏、干枯等。

(2)双黑炖泥鳅

【配料】 黑豆 60 克,黑芝麻 60 克,泥鳅 500 克,熟油、盐、味精各适量。

【制作与用法】

①将黑豆、黑芝麻洗净。

②将泥鳅放入冷水锅内,加盖,并加热烫死,捞出洗净,用牙签挑除肠秽,稍晾干。

③入锅稍煎黄,铲起备用。

④将全部用料放入锅内,加清水适量,先用武火煮沸后,再用文火炖至黑豆烂熟,调味即可食用。

⑤每日 1 次,佐餐酌量食渣喝汤。

【功效】 补肾健脾、养血生发、乌发养颜。适用于脾肾亏虚所致容颜早衰、毛发枯黄、稀疏脱落等症。

【注意事项】 大便溏泻者不宜多食本品;食黑豆有胀气者,可加入少许陈皮同炖,以行气消胀。

(3)百莲淮山炖猪肚

【配料】 百合、莲子各 20 克,淮山药 15 克,猪肚 150克,猪瘦肉 50 克,绍酒 2 茶匙,香油、盐、味精各适量。

【制作与用法】

①将猪肚反复洗干净,切成长条;瘦肉洗净,切成块;将淮山、莲子、百合分别用热水浸透,并将莲子去心。

②将处理好的用料一并放入炖盅,加入适量开水,把炖盅盖好,先用武火隔水炖半小时,再用中火炖50分钟,加入绍酒,改用文火炖1.5小时即可。

③炖好后,取出药渣,然后加入适量香油、盐和味精调味,便可食用。

④每日1次,每次吃猪肚50～100克及其他药料,喝汤。

【功效】 健脾益肾、清心安神、护发养发、养颜美容。适用于脾肾两虚致毛发失养、干枯、稀落、稀疏、早白等。

【注意事项】 便秘、疳积患者忌用本品;风寒外感者不宜食用。

(4)茯苓淮灵炖乌龟

【配料】 鲜土茯苓25克,淮山8克,灵芝6克,乌龟1只(或龟肉200克),生姜、熟油、食盐、味精各适量。

【制作与用法】

①将乌龟放在冷水锅内,文火加热至沸,然后将龟破开两边,除去头和内脏,并斩成大件备用。

②将灵芝、鲜土茯苓、淮山、生姜浸透洗净,并将土茯苓切成厚片,生姜切片。

③将上述处理过的用料放入炖盅,倒入沸水1.5碗,然后盖上盅盖,以武火隔水炖至水沸后,用中火继续炖2.5小时,捞出药渣,放入少许熟油、盐和味精调味即可。

④每日吃1次,吃龟肉,喝汤,佐餐酌量食用。

【功效】 健脾安神、固本扶正、养气补血、护发养颜。适用于体弱早衰、脾虚致毛发稀疏、脱落、早白等症。

【注意事项】 本品忌与生果、苋菜同食;外感患者忌用。

(5)双乌枣炖黄鳝

【配料】 黑豆100克,首乌10克,黄鳝150克,大枣10克,料酒、姜、熟油、盐各适量。

【制作与用法】

①将黑豆事先用清水浸泡12小时;姜洗净切丝。

②黄鳝去除内脏,在沸水锅里氽一遍,捞起备用。首乌、大枣(去核)分别洗净。

③将上述全部材料一起放进砂锅中,加清水1000毫升,先用武火煮沸,再改用文火煮50分钟,加入油、盐调味即可。

④每日1次,趁热食约100克,喝汤,佐餐用。

【功效】 补肝益肾、抗衰养颜、乌发护发。适用于肝肾不足引起的须发早白、脱发、毛发稀疏、干枯等。

【注意事项】 大便溏泄者慎用;若食黑豆胀气者,可加入少许陈皮同炖。

95. 哪些中药对斑秃有良好疗效?

中医学对秃发早有认识,有肝藏血、发为血之余,肾主骨,其荣在发,血虚不能濡养肌肤,故毛发脱落成片的理论,说明脱发的原因与肾虚、血虚有关。近年来有血瘀学说,故大凡秃发治疗以补肾、养血、活血为主。其中医分型大致有心脾气虚型、肝肾不足型、肝郁血瘀型、气血两虚型。患者可由医生辨证以养血补血、滋补肝肾、健脾益气、养阴凉血、疏肝理气、固涩通络等方论治。

（1）养血补血方：如神应养真丹加减，由熟地黄、当归、女贞子、菟丝子、羌活等养血、补肾、祛风药物组成。少数服药后如觉咽干、口干等反应者，加用六味地黄丸或龙胆泻肝丸。又方，药有熟地黄、何首乌、茯苓各20克，沙参、枸杞子、女贞子、墨旱莲、丹参、蒺藜各15克，风燥者加羌活、防风、藁本各15克，荆芥10克；气虚者加党参、黄芪各15克；肝肾不足者加续断、黄精各20克，五味子10克；气郁血瘀者加桃仁、赤芍、红花、柴胡；湿热重者去熟地黄、枸杞子，加苍术、升麻、生山楂各15克。

（2）滋补肝肾：熟地黄、当归、巴戟天、肉苁蓉、熟女贞、桑椹子、羌活、赤芍、白芍、丹参各12克，川芎、荆芥各10克，对青少年病程短、脱发区少者效尤佳。又方，淫羊藿、菟丝子、紫草、生地黄、蝉蜕、辛夷花、当归各10克，首乌藤20克，葛根12克，制成糖浆500毫升，每次50毫升，口服，每日3次，一般服药4周即可见效。

（3）健脾益气方：①以异功散为主，同时配以黄芪30～60克，党参12～15克，白术、茯苓各9～12克，陈皮6克，甘草12克。②红参、炙甘草各20克，黄芪50克，白芍、肉桂各30克，白术45克，大枣20枚，加减共研细末，蜂蜜500克，炼蜜为丸，每丸10克，含生药3.8克，日服3次，每次1丸。

（4）养阴凉血方：生地黄、女贞子、泽泻、山楂、黄芩、白芷、桑叶各9克，首乌、墨旱莲各24克，龙胆草、黄柏各6克，牡丹皮12克。

(5)疏肝理气方：方如小柴胡汤治疗斑秃，日本亦有用小柴胡汤加味治疗本病的报道，疗效满意，特别对那些与精神因素有关的斑秃患者效尤佳。

(6)固涩通络方：如桂枝、龙骨、牡蛎、赤芍、甘草、女贞子、墨旱莲、五味子等。

96. 哪些中成药对治疗斑秃有效？

下列中成药对治疗斑秃有一定疗效，可酌情选用。

(1)十全大补丸：每服 10 克，每日 2 次。

(2)养血生发丸：每服 10 克，每日 2 次。

(3)养血生发胶囊：每服 4 粒，每日 2 次。

(4)首乌片：每服 5 片，每日 3 次。

(5)当归片：每服 5 片，每日 3 次。

(6)杞菊地黄丸：每服 6 克，每日 2～3 次。

(7)养血安神片：每服 5 片，每日 3 次。

(8)斑秃丸：每服 5 克，每日 3 次；或 9 克一丸，每日 2 次。

(9)七宝美髯丹：每次 1 丸，每日 2 次；每次 3 粒，每日 2 次。

(10)薄盖灵芝片：每日 3 片，每次 4 片；或注射液，每次 4 毫升，肌内注射，每日 1 次。

97. 哪些奇方妙术可治斑秃？

(1)川芎 5 克，何首乌 20 克，核桃 30 克，泡开水代茶饮服，配合外用药治疗。

(2)茯苓粉，每日 2 次，每次 6 克或临睡前 10 克吞

服,或用茯苓皮煎水内服亦可,效颇佳。茯苓,古人认为
是扶正固本的药物。本草曾记载,茯苓久服,不饥延年,
说明具有补虚损、延年益寿之功效。现代药理实验亦证
实,它具有调节神经系统和提高机体免疫功能,因此推测
可能是通过增强机体的免疫功能而达到治疗效果。

(3)雷公藤、首乌为主制成合剂,每毫升含雷公藤生
药 1 克,成人剂量 10 毫升,每日 3 次,2 个月为 1 个疗程。
必要时再继续服用 1 个疗程,10 毫升,每日 2 次。方中雷
公藤化学成分复杂,生理活性较多,因此药理作用也是多
方面的。经临床、实验研究表明,雷公藤主要有抗炎、调
节免疫功能、改善循环等作用。而首乌有养血、益肝、固
精、补肾作用,两者合用则发挥滋补肝肾、养血祛风的治
疗效果。

(4)黄芪 60 克,水煎两次,混合,早晚分服,连续用
药,直至毛发新生,疗程 3 个月至半年,有效率 79.3％。

(5)鸡内金炒焦、研细,每服 25 克,每日 3 次,温水送
服,有良效。

98. 治疗斑秃有哪些外用中药?

可用于治疗斑秃的市售中成药液有 10％斑蝥酊、
20％补骨脂酊、25％川椒酊、101 毛发再生精、斑秃生发
水等。

其他方剂如下。

(1)斑槿酒:斑蝥 9 只,紫槿皮 30 克,樟脑 12 克,白
酒 300 毫升,浸泡 2 周后外搽。

(2)斑蝥 7 克,骨碎补、补骨脂各 12 克,鲜侧柏叶 30

克,上四味药切碎泡入 75％乙醇或普通白酒 500 毫升,1周后外搽。

(3)朝天红辣椒、鲜姜块、侧柏叶各 15 克,泡入白酒一杯中,过一宿后取出绞取药汁和少量白酒,每天早晚搽患处。

(4)侧柏叶酒:侧柏叶、当归尾、菟丝子、生姜各 15 克,浸白酒(盖过药面),1周后外搽。

(5)补骨脂、首乌各 30 克,菟丝子、百部各 15 克,浸泡于 40 度白酒中,1周后取汁外搽患部,早、晚各 1次。

(6)鲜侧柏叶 90 克,山柰 45 克,75％乙醇 700 毫升,入瓶浸泡 7～10 天后,以生姜切面蘸药水,反复用力涂搽。

(7)闹羊花 21 朵,鲜毛姜(骨碎补)手指大一段,切成 17 片,将以上两药置一中碗,高粱酒浸入顶,碗口用纸封固,放锅中,隔水蒸 1 小时左右后取出。每天用药酒搽患处,4～5 次,月余可生发。此药有毒,不可入口。

(8)硫黄、雄黄、凤凰衣各 15 克,炮穿山甲(代)9 克,滑石粉、猪板油各 30 克,共为细末,板油、猪苦胆汁调药末,捣如泥,用纱布包好,搽抹患处,每日 2～3 次,连用 1～2 周。

(9)人参叶、侧柏叶、毛姜、白鲜皮各 12 克,共入高粱酒浸泡 1 周,外搽患处,每日 3 次。

(10)补骨脂、墨旱莲各 25 克,75％乙醇 200 毫升,浸泡 1 周后,外搽患处,一日数次。

(11)生姜 6 克,生半夏(研末)15 克,先将生姜搽患部 1 分钟,稍停,再搽一两分钟,然后用生半夏细末调香油涂搽之，连续应用；有刺激生发之效。

99. 治疗斑秃有哪些单方？

(1)大蒜外搽：大蒜味辛、性温，有除风、破瘀、镇静、止痒等作用，为含硫的植物挥发油，有兴奋神经、刺激血液循环及发汗作用。

(2)生姜外搽：生姜含"姜辣素"，能兴奋神经，扩张皮肤和黏膜血管，改善血循环。可用鲜生姜榨出汁，用小毛刷蘸姜汁刷秃发处，每日3次。

(3)鲜墨旱莲洗净，榨取自然汁，搽患处，每日3～5次。

(4)侧柏叶阴干研末和麻油外搽。

(5)甘油红皮大蒜汁：新鲜红皮蒜剥后捣碎取汁，以蒜汁、甘油为3：2之比搅拌后外搽脱发处。

(6)半夏蘸醋外搽。

(7)生川乌粉5克，醋调外搽，每日早、晚各1次。

(8)柚子核15克，开水浸泡半小时，外搽患处。

(9)采三白草（又名青白草，因其顶上的三叶可由青变白，由白还青而得名）顶上三叶捣碎，陈醋浸泡（1：1）5～7天，取汁，用白布蘸搽患处，或倒于掌心搽患处，每日1次。

(10)冬虫夏草30克，入白酒100毫升，浸泡1周，滤过取汁，外搽患处，每日5次。

100. 斑秃可服用哪些西药治疗？

对重症斑秃（脱发斑呈多发性，发展迅速的大面积脱

发,脱发斑边缘头发松动易拔出者)除局部用药外,可在医生的指导下系统应用内用药治疗。

(1)皮质类固醇激素疗法:国外早有报道,不过剂量都较大,有人用泼尼松隔日 120 毫克口服。大多数学者认为,这种剂量治疗,生发反应早,对各型斑秃,包括全秃和普秃都有效。当然,这种疗法可能导致较严重的不良反应,且停药后复发率高。

为此,除个别病例外,大多主张采用中小剂量方案,临床证明,均有较好的疗效。如成人用泼尼松每日 20～40 毫克,口服,1～2 个月后,逐步减量,或成人第 1、2 个月每日口服泼尼松 15 毫克,第 3、4 个月每日 10 毫克,第 5、6 个月每日 5 毫克,再用 5 毫克隔日顿服,维持至第 10 个月;儿童按体重计算相应给药。另有采用"6、5、4、3、2、1 疗法",即第 1 个月每日口服泼尼松 6 片(30 毫克),第 2 个月每日 5 片,余类推。这些都是安全有效的给药方案。

(2)其他内用西药疗法:在服用泼尼松的同时,可酌情并用甲状腺素片(每日 30 毫克,泛酸钙每日 60 毫克),胱氨酸(每日 300 毫克),分 3 次服,另服用 B 族维生素及维生素 E 等。对显然与精神因素有关的患者适当给予镇静药,如溴制剂、氯氮䓬(利眠灵)、地西泮等。

个别病例无效时可试用内服 8-甲氧补骨脂素片加长波紫外线照射治疗。另从纠正可能存在的细胞免疫功能缺陷出发,有人试用转移因子、胸腺因子、胸腺素等免疫调节药,也收到较好疗效。

101. 如何通过局部按摩促进头发生长？

按摩是一种古老而又实用的健身治病方法，头皮按摩能促进头皮局部的血液循环，使发根部毛球的血液供应增加，毛母质细胞得到较多的营养供应，毛母质细胞增殖、分裂，从而使新发萌出，因而是自我治疗斑秃的良好方法。

自我按摩头皮的具体方法：端坐，两腿分开与肩同宽。两手五指分开，用十个指头沿着发线由前额向后脑稍加用力梳理（即干洗头）数次，然后，两手手指从头顶正中往两侧鬓角向后脑部梳理，使头皮血液流通。梳理完毕后，用双手五指按压头部的皮肤，以示指或拇指点按太阳穴和风池、风府穴。再用双手五指轻轻叩打头部皮肤，结束按摩。

此外，还可以采用循经按摩来刺激毛发生长。循经按摩是以中医学的经络学说为依据，通过按摩某些特定的穴位、经络，以调整局部肌肤的生理功能，使交感神经和副交感神经的兴奋保持平衡。循经按摩的部位有患部的经络、肾经、肺经、膀胱经，手法包括手指按压、手掌按摩、毛刷摩擦等。

102. 如何运用推拿手法促进头发生长？

中医学认为，斑秃的发生与肝肾两脏有关，肝藏血、肾藏精，头发生长依赖精和血，故有"发为血之余"之说，如果肝藏血功能不足，或肾虚精少、精不生血，都会造成头发脱落。根据这一中医理论学说，运用推拿疗法可以补肝益肾、生精活血,使发自长而光泽。按摩方法如下。

第一节:操作者用双手拇指指腹按压患者脊柱两侧的肝俞穴,即第 9 胸椎棘突下旁开 1.5 寸(注:本书中的"寸",系指针灸学上的骨度分寸,下同),让患者感到该穴位有些酸胀,然后操作者腕部放松,用前臂做主动摆动,带动腕部和掌指做顺时针揉动 100 次,手法要轻柔缓和。接着用相同方法按揉肾俞穴,即第 2 腰椎棘突下旁开 1.5 寸。

第二节:用右手拇指指腹按压血海穴,即右下肢髌骨内上角上 2 寸,患者感到酸胀时做顺时针揉动 20 次。然后用左手拇指指腹按压左侧血海穴,方法相同。

第三节:用右手拇指指腹按压右三阴交穴,即右下肢内踝上 3 寸,患者感到酸胀时做顺时针揉动 20 次。然后用左手拇指指腹按压左侧三阴交穴,方法相同。

第四节:用右手中指指腹按揉头顶正中百会穴,感到酸胀时做顺时针揉动 20 次。

第五节:用双手中指指腹按压枕骨粗隆直下凹陷与乳突之间的风池穴,感到酸胀时做顺时针揉动 20 次。

除上述推拿手法治疗外,还可配合生姜轻搽脱发部,每日 2～3 次。要保持精神状态乐观,睡眠充足,适当选用补肾养血、疏肝解郁的中成药,如养血安神糖浆、杞菊地黄丸等。一般经过 2 个月的治疗和调理,原先光秃秃的头皮上就会重新长出乌黑的头发。

103. 怎样练习"乌发固脱法"治疗脱发?

"乌发固脱法"属按摩疗法范畴,经常练习能纠正神经功能失调,促进头皮血液循环及毛发的营养吸收,使头发乌黑发亮、免于脱落,对斑秃、男性型秃发等有良好疗效。本法可以由术者施术,脱发患者也可自己练习。具体练习方法如下。

(1)仰卧,术者用拇指用力按揉患者两小腿的三阴交穴(位于内踝上3寸,胫骨的后缘),以局部有较强的酸胀感为宜,持续30秒。

(2)仰卧,术者用手掌推患者双下肢的大腿内侧和小腿内侧。推时由下往上,先从内踝推至内膝,反复若干次,以有热感为宜;再从内膝推至大腿根部,反复多次直至局部发热为止。

(3)正坐,术者站在患者前外侧,一手扶患者头后,另一手用4个指头在其头顶及两侧由前往后做梳头动作。梳时4个指头的指甲最好刮着头皮,但不宜太重,时间约60秒。

(4)正坐,术者一手扶患者头部,另一手用手掌搓揉其头发,着重搓揉脱发部位,力量适度,以局部发热为佳。

(5)正坐,术者一手按住患者头顶,另一手以拇指按住患者颈部一侧风池穴(位于耳后乳突与颈后肌腱顶端之间的凹陷中),示、中指按压住另一侧风池穴,呈钳形相对用力挤按夹捏住两风池穴之间的筋肉,做一紧一松的提捏动作,并逐渐向下移至大椎穴(第7颈椎棘突下)两侧。如此上下往返,反复提捏颈项筋肉60秒,力度以轻快柔和为宜。

(6)正坐,术者五指分开,并微屈手指成弧形,以五指指腹分别着力于患者脱发部位的周围,做一紧一松的抓握按压动作（如手抓圆球状），并逐渐向周围移动，约 60 秒。

（7）擦涌泉，即用一侧手小鱼际摩擦两足底的涌泉穴（位于足底中，足趾向下弯曲时呈凹陷处），以有热感深透入内为宜。

104. 佩戴假发对治疗斑秃有何益处？

在引起脱发的因素中，心理社会因素和个性因素的影响颇大，有人把斑秃称为"心因性秃发"。心病心治，斑秃可医，不少患者在消除心理因素后大多可获痊愈，当然也有个别反复发作、久治不愈的病例。患者若心理痛苦，精神负担沉重，对治疗逐步失去信心，势必导致症状的加重，在这种情况下，患者可以先戴假发，减轻精神负担，这对治疗将有帮助。

另一方面，由于假发致头皮上热量增加，使局部血液循环改善，血流量增加，因而营养物质和氧也增加，从而为头发的再生提供了有利条件。个别患者戴假发后，脱发局部发生瘙痒、发热等反应，但同时，却使头皮血管扩张，局部血液循环量增加，可能刺激生发细胞，促进毛发生长。

斑秃患者可选用发片佩戴，挑选时要注意假发与真发色调一致，脱发较严重或全秃者可使用假发头套。

三、全身性疾病与脱发

头发像身体其他部位一样，也会受疾病的影响。当人生病时,头发状况就会发生变化。头发虽然感觉不到疼痛,但确实会对病痛做出反应,而脱发则是最常见的一种表现。不过,随着疾病的好转、痊愈,新发完全可能再生。

能引起头发脱落的全身性疾病甚多,下面介绍几种主要的病症。

105. 席汉病为什么会引起脱发?

有个别女性在分娩后不久,突然迅速消瘦,伴随而来的是乳房逐渐干瘪,乳汁减少直至干涸,最出奇的是头发、腋毛、阴毛和全身汗毛由稀疏而全部脱落,成“普秃”状态,外生殖器接着干枯、萎缩,月经也不再出现,精神萎靡、昏昏欲睡。

这些女性为何毛发不翼而飞呢? 1914年西蒙发现,这是由于腺垂体萎缩引起的,而这种病例命名为西蒙病。1937年席汉进一步发现,这些患者多半是产后妇女,且分娩时,都发生过大量出血,由于垂体的供血血管本来就比较脆弱,加上失血,供血不足,导致腺垂体萎缩。腺垂体是主管分泌6种促激素的重要器官,它的萎缩势必引起这些促激素的缺乏,如生长激素缺乏就可以引起产后消瘦;促甲状腺激素缺乏则表现为精神萎靡、昏昏欲睡;泌乳素缺乏则出现乳汁干涸;促性腺激素缺乏则引起第二性征消失,如乳房干瘪、生殖器萎缩、毛发脱落等症状。由于席汉进一步解释了毛发全脱的原因,所以医学家们就把这种病称为席汉病。

106. 甲状腺功能失调为何会引起脱发？

甲状腺功能失调临床上以女性更常见。甲状腺产生两种激素,甲状腺素(T_4)与三碘甲状腺原氨酸(T_3),它们调节人体的新陈代谢,并控制皮肤和毛发的代谢。它们虽不是性激素,但能影响性腺,如果这些激素的量太高或太低,都会引起过多的脱发。

甲状腺功能低下时往往可见头发干燥、皮肤干燥,对冷的敏感性增强,失眠、指甲变脆、头发脱落,而后者有时是甲状腺功能低下的唯一症状。值得一提的是,这里的"低下"可以是在正常范围,比如甲状腺素的检验正常值为 $5.0 \sim 14 \mu g/L$,如低于 $5.0 \mu g$ 则处于"低下"状态,这种正常范围内低下的甲状腺素指标也可能引起脱发。

甲状腺功能亢进者可有情绪暴躁,神经质增加,出汗过多,脉搏加速,对湿热敏感,入睡难,吃得多,但体重仍下降,精力显示过盛,脱发过多。

无论是甲状腺功能亢进还是低下,头发几乎总是干燥,常常易断。有这两种甲状腺状况的人,其脱发类型均与男性型脱发相似,只是它更分散一些,这类脱发可能遍及整个头部。

甲状腺失调引起的脱发可能与其他类型的脱发(如产后脱发)同时发生,则可致大量的头发脱落。

甲状腺功能低下引起的脱发,可每天服用小剂量的甲状腺素,连服 1 个月,有的 2 周内脱发便可恢复正常。有时脖子上的良性肿物影响甲状腺,使腺体受挤压,而这种压力有时可使甲状腺产生大量的甲状腺素,引起甲状腺功能亢进,使患者的头发疯狂脱落,而切除肿物后4周,脱发便完全停止。甲状腺功能亢进和低下得到治疗后,因之引起的脱发也可很快得以恢复。

107. 还有哪些内分泌功能失调会引起脱发?

除了上述疾病外,胰岛功能不全及性腺功能减退症、甲状旁腺功能减退症等也可引起脱发。

胰岛功能不全是糖尿病的直接原因,而产生胰岛素功能障碍的原因,认为与精神刺激、腺垂体分泌的抗胰岛素作用、肾上腺皮质分泌过多增加糖皮质的新生作用、甲状腺素过多促进糖在肠内吸收和糖原在肝内分解,以及遗传、肥胖、胰腺功能硬化等因素有关。

糖尿病患者的最初症状常常是头发脱落和头皮处发生化脓性感染,如脓疮、毛囊炎等,并有多饮、多食、多尿、消瘦、疲乏、四肢疼痛等症状。

108. 哪些严重急性传染病可引起暂时性脱发?

伤寒、流脑、猩红热、重症流感及肺炎等许多疾病,由于都伴有高热,如体温较长时间升高,达39.5℃以上,毛囊就会受到营养匮乏的影响,造成热病后脱发。其脱发快则不到1周,慢者会在2个月内出现。

感染性疾病时由于血液的变化,毛乳头势必受到影响。而高热后的抑郁症也会加重头发脱落。

患者的头发往往表现干燥,失去光泽。用手抓或梳头时头发可大把脱落。有些患者患病时并不脱发,而到康复时或康复后才开始脱发。这些全身性疾病的患者要待新发代替旧发后,脱发才会逐渐停止。

109. 什么是急性热病后脱发?

患急性发热病后出现的脱发,属于休止期脱发。伴有高热的急性传染性疾病,如伤寒、猩红热、脑膜炎、肺炎等,大多数患者在患病 3～4 个月后,出现脱发,延续 3～4 周后,逐渐停止脱发,6 周以后,已脱落的头发开始新生。脱发期间,头皮毛囊处于休止期者,可高达 34%～53%。但是由于仍有 50% 以上的毛囊不受影响,因此在开始脱发时,往往不被注意,只有在洗头或梳头时才被察觉。

急性热病后脱发,一般延续 1 个多月,逐渐恢复。但是如高热持续时间过长,如患伤寒,能使一部分头皮的毛囊受到损坏,而不能再完全恢复正常。

重病后体弱脱发,多属气血两虚,治疗方法宜气血双补,可服中药八物汤或人参养荣汤加减。如由于寒热病邪损及血络,致使血络瘀滞,血行不畅者,则为血瘀脱发,应活血化瘀,用通窍活血汤:赤芍 10 克,川芎 10 克,桃仁 10 克,红花 10 克,老葱 1 根,鲜姜(切碎)8 克,大枣(去核)5 枚,麝香(布包)0.1～0.2 克。麝香价格昂贵,可用白芷代替。

110. 中枢神经系统疾病会造成哪些脱发?

有些中枢神经系统疾病可造成脱发,具体来说有如下 3 种类型。

（1）全部而持久性的脱发：伴发于中脑及脑干部病变，如发于视丘下部的神经胶质瘤，或中脑的脑炎后损害。

（2）反复发生全秃：患延髓空洞形成及延髓空洞症的患者，每隔1年左右即发生1次全秃，可达20年之久。

（3）男性型脱发：肌强直性营养不良患者，可早期发生男性型秃发。

此外，紧邻视丘下部损害，可引发竖毛反应。

111. 贫血会引起脱发吗？

铁元素是制造血红蛋白的重要原料，人体一旦缺铁，就会导致血红蛋白产量减少，红细胞数量也减少，这就是缺铁性贫血。

当人患缺铁性贫血时，血液中红细胞携氧能力就下降，运送到身体各部位的氧量就减少。而人头发毛囊细胞是十分喜欢氧的，一旦缺氧，毛发的生长就会受到影响。

缺铁性贫血时，患者可表现为头发干燥、脱发、皮肤苍白、头晕、乏力、呼吸短促等，有时脱发甚至可能是贫血的唯一症状。

贫血引起的脱发与男性型脱发较为相似，可表现为整个头顶毛发稀疏。

112. 恶性肿瘤会引起脱发吗？

恶性肿瘤患者出现脱发并不罕见，但引起脱发的原因并非肿瘤，而是为患者治疗肿瘤而采用的各种手段，如放射疗法、化学疗法等。这些疗法都可能引起大量且迅速的脱发,不过,在几乎所有的肿瘤患者中,在放疗或化疗停止后,脱落的头发都会重新长出。

113. 麻风会引起毛发脱落吗?

麻风是由麻风杆菌感染引起的一种慢性传染病,传染源是未经治疗的带菌多、可向体外排的瘤型、界线类偏瘤型一类的麻风患者。主要通过直接接触传染,但间接接触传染的可能性也存在,如受感染者免疫力低下,便可发病。

麻风病的症状变化多端,除了主要侵犯周围神经、皮肤、上呼吸道黏膜外,在免疫力低下的瘤型麻风患者中,麻风杆菌还可随血流或淋巴系统播散到全身各个器官,如五官、淋巴结、肝、脾、肾、睾丸、肌肉及骨骼等,使之相继发生病变,因此,其症状表现几乎可涉及临床各科,但主要症状仍表现在皮肤和外周神经方面。

麻风大体上可分为瘤型、结核样型及中间的过渡型。瘤型麻风患者带菌较多,有传染性,按其病期长短、症状轻重、范围大小等划分为早、中、晚三期。

早期瘤型麻风,症状较轻,眉毛、头发等未受累。中期以浸润性损害、弥漫性损害为主,也可见结节损害,病变深及真皮及皮下组织,皮损范围广泛,受侵的眉、发明显脱落,甚至眉毛、睫毛和鼻毛全部脱光。晚期损害则更广泛,往往遍及全身,毛发脱落更加明显,甚至阴毛、腋毛均可脱落。

头发脱落是麻风的特征之一,脱发程度与病期成正比。脱眉令人注目,瘤型麻风患者脱眉,一般由外侧 1/3

开始，先稀少，如不及时治疗，则渐向内侧延伸，最终全部脱落。亦有患者从眉中部或内侧开始稀疏、脱落，继之前者向两端，后者向外侧慢慢扩展。结核样型麻风患者如头面部有皮肤损害，也可见皮肤局部毛发稀疏或脱落，即使眉部未发生过皮疹，也可有患侧的眉毛稀少，眉毛的脱落常伴有睫毛的稀疏、脱落。瘤型麻风患者的眉毛、睫毛常呈对称性稀少、脱落。

头发的脱落，可见于中、晚期的瘤型麻风患者，一般是从额部和枕部发际开始，呈小片不规则形脱落，继之向前额和顶部发展；但即使严重的脱发，沿浅表血管走向的头发，往往残留而不脱落，脱发处如无皮损，多无浅感觉障碍。

麻风患者脱发的原因众多，一般认为瘤型麻风主要因为性腺、肾上腺皮质和甲状腺受累后，由其相应的功能障碍所致；其次因麻风性病变细胞（肉芽肿）浸润、压迫毛乳头，使局部供血不足、营养不良、毛囊萎缩而引起。其他各类麻风患者，主要由于皮肤损害的细胞浸润压迫毛囊、局部营养受阻或由于皮肤神经末梢血管功能障碍，导致其所支配区的毛发营养受阻而发生脱发。

114. 梅毒会引起脱发吗？

梅毒是一种慢性全身性传染病，多由不洁性交感染梅毒螺旋体所致。

梅毒的表现与感染期及感染途径有密切关系，一般分为获得性（后天）梅毒、先天梅毒及其他梅毒三种；按病期分为一期、二期（早期）及三期（晚期）梅毒。

　　一期梅毒：表现为被感染者在梅毒螺旋体进入皮肤或黏膜处发生初疮、形成硬下疳及局部硬性淋巴结炎（先天梅毒不发生下疳）。

　　二期梅毒：梅毒螺旋体经淋巴系统播散，继之进入血液循环，并附着于皮肤黏膜的微细小血管上，因其毒素作用，可引起皮肤黏膜发疹，即二期梅毒疹。主要表现为分批出现新生和陈旧性皮疹，呈泛发和对称性分布。皮疹有多种形态，可有斑状梅毒疹、丘疹性梅毒疹、脓疱性梅毒疹、掌跖梅毒疹及特殊型梅毒疹，后者如扁平湿疹、梅毒白斑、色素性梅毒疹、银屑病梅毒疹、梅毒性甲病及梅毒性脱发。

　　梅毒性脱发的发生率为 $3\%\sim4\%$，脱发为一过性，抗梅毒治疗后，毛发可迅速再生。

　　梅毒性脱发发生可能由于梅毒螺旋体侵犯头部毛发区的微血管，使血管壁发生病变而堵塞，致供血不良，毛囊发生暂时性障碍，影响头发的发育而出现如豆大或甲盖大小的不规则脱发区。脱发区边界不清楚，如同鼠噬或虫蚀状，好发于后头部、枕部和侧头部。发生在侧头部的脱发区域面积较大，头发长短参差不齐，这是由于脱发区内毛细血管遭到不同程度侵犯的结果。

　　梅毒性脱发并不是永久性或瘢痕性秃发，它可以再生，如及时进行抗梅毒治疗，头发可在 $6\sim8$ 周内再生，甚至不治疗也可再生。

　　梅毒的脱发也见于早期先天梅毒，患者大多是早产儿，脱发现象在出生时就可见到，脱发面积比较广泛，但数目并不多，在脱发处可见到浸润性红斑。致成脱发的原因与浸润的皮损及梅毒性血管炎有密切关系。

三期皮肤梅毒疹的发生多于感染后 3～10 年,属于良性晚期梅毒的一种病损。皮疹可有结节型梅毒疹、树胶样肿及硬化性损害三种。结节型梅毒疹表现为直径2～10 厘米的浸润性结节,不破溃,消退后遗留浅在性瘢痕,有的可破溃,愈后结疤。

树胶样肿,亦称梅毒瘤,对皮肤黏膜组织破坏性极大,发生在鼻腔内的树胶样肿可使鼻骨破坏,形成塌鼻梁;前额及头部发生皮肤树胶肿,皮肤形成溃疡,长期不愈合,即所谓"开天窗"。树胶肿初期为皮下组织深部的小硬结,无自觉症状,并向表面突起呈暗红色,经 2～6 个月,中心部软化、穿孔。当表面坏死组织脱落之后,基底有鲜红肉芽组织,溃疡边缘隆起,如同穿凿,愈后的皮肤呈萎缩性瘢痕。

115. 系统性红斑狼疮会引起脱发吗?

系统性红斑狼疮(SLE)早期表现多种多样。初发可仅单个器官受累,如皮肤、关节、肾脏或多系统同时受累。全身症状有发热、疲倦、体重下降等。关节及皮肤表现是最常见的早期症状,其次是发热、光敏感,阵发性肢端皮肤苍白、发绀和发红,以及肾炎等。

系统性红斑狼疮患者中约有 80％有皮损,主要皮损大体上可归为两大类:一是多发性浆液性炎症,如面部及全身各处的红斑、脱发;另一类是血管炎性表现,如皮肤血管炎、紫癜、网状青斑。

面部蝶形红斑是系统性红斑狼疮特有的皮肤症状,

表现为略具水肿性的红斑,颜色鲜红或紫红,境界清楚或不清楚,表面光滑或附有灰白鳞屑,广泛者可发展至前额、下颌、耳缘、颈前三角区、四肢,有痒及烧灼感。指(趾)伸侧的渗出性水肿性红斑或多形红斑冻疮样皮疹,甲周及指(趾)尖部出现鲜红色或紫红色斑点,毛细血管扩张和点状出血现象,亦较常见。

系统性红斑狼疮患者中有 39.5% 的人在病情进行时,在红斑基础上或没有红斑部位出现头发稀疏、脱落,脱发可呈局限性(前额部)或弥漫性。脱发特点为迅速脱落大量头发,秃发开始多发生在前额,随后颞部、头顶也发生,局部头发失去光泽、变黄、干燥、脆弱易折断,长短参差不齐,犹如秋天的枯草。在病情静止后,毛发一般可再长。

116. 什么是黏蛋白性秃发?

黏蛋白性秃发又称毛囊性黏蛋白病,为一炎症性疾病,症状以浸润性斑块伴有鳞屑和脱发为特征。

在皮肤结缔组织系统中,基质部分由碱性黏多糖组成,成纤维细胞担负着产生黏多糖酸的作用。在某些疾病中,成纤维细胞被诱发产生大量异常的透明质酸、软骨素和肝素等类型的黏多糖酸,由于酸性黏多糖(黏蛋白),大量在真皮内聚集而致病。毛囊性黏蛋白病则表现在毛囊外毛根鞘和皮脂腺的黏蛋白变性,有时向下发展至毛囊,甚至导致毛囊的囊肿形成,影响毛发生长而致脱发。

毛囊性黏蛋白病临床上有两种类型:急性型表现为成群实性疹子或斑块,皮肤白色或红色,上附鳞屑,好发于毛囊处,其直径为 2～5 厘米,亦可更大或很小。皮疹开始即为多发性,也可在几周后陆续出现,常好发于头皮、颈肩等部位。病损处毛发脱落,脱发通常经过几个月后可自然恢复,但也可迟达一年或更长时间。

慢性良性型损害常较多,分布广泛,皮损形态多样化,可为高起的扁平或地图形的斑块或结节,有些可以溃破。斑块和结节通常质软,呈胶稠状,压迫皮损可由毛囊处挤出黏蛋白。此外亦可有非浸润性红色鳞屑斑、脱发及硬结节、斑块。有的患者可见散在毛囊性疹子,当毛囊毁坏时,可形成永久性秃发。

从病因上毛囊性黏蛋白病可分为原发性或特发性、良性型及继发性症状型。

原发型较继发型为多见,皮损或局限于头颈部或全身泛发,偶累及躯干及四肢,皮疹通常在 2 个月至 2 年内自然消退,但偶可持续多年,常见于中、老年人。若皮损泛发且有大的斑块,就难于区分是原发还是继发的。因为无论在临床上还是病理上均可与 T 细胞淋巴瘤(蕈样肉芽肿)相似,不过从原发性黏蛋白病转变成蕈样肉芽肿的病例是极为少见的。

继发型即所谓恶性型,约占 15%,主要见于老年人,继发于淋巴瘤(通常是蕈样肉芽肿)者,皮损可与慢性良性型相似,一般表现为广泛分布的斑块,但亦可局限。这一型实际上从一开始就是蕈样肉芽肿或淋巴瘤的表现。

毛囊性黏蛋白病也见于其他疾病,如慢性盘状红斑狼疮和血管淋巴样增生。

毛囊黏蛋白病中有些可自然消退,有的病例用小剂量浅层 X 线分次照射治疗有效,皮质类固醇激素外用和内用可有不同程度的治疗效果,伴有恶性组织细胞增生症者,用联合化疗能暂时改善症状。

117. 拔毛癣患者的脱发表现是怎样的?

拔毛癣是患者自身强迫性拔除自己的头发或其他处毛发。这种病主要是精神因素所致,其次为不良习惯。多见于儿童,但成年人也可发生。这种病症常见于 11—14 岁的女孩和绝经期的女性。

拔毛癣与疾病恐怖症一样,属自身强迫性神经官能症。有的患者与遗传因素有关。国外学者认为,首先它是由于为得到变态的性满足而引起的,这种需要是下意识的。具有变态性要求的少女患者,从每次拔出自己头发的疼痛中能得到特殊的快感;其次,拔毛癣是由一种心理上的紊乱引起的,这种心理紊乱需要一种特殊性质的非同寻常的关怀。

拔毛癣多见于孩童、绝经期女性,但青壮年亦可发病,患者用手或铁夹、镊子等将自己的毛发强行拔除,这种拔发多在晚上进行,患者每天拔发后感觉快慰而很快入睡。受累部位以头顶部及颞部较多见,眉毛、睫毛亦可受累,如为成人则其胡须、腋毛及阴毛亦难免罹患。拔除后再生之毛发仍会反复拔除,头皮部常有大片脱发,形如斑秃,但边界多不整齐,且脱发处常有残存毛发及断发。

拔毛癣应如何防治呢?首先要鼓励患者树立治愈疾病的信心,消除精神紧张感,有条不紊地安排工作和学习,积极参加文体活动和适当劳动,以转移其对疾病的注意力,其次可适量给予镇静药。

四、药物与脱发

人们很早就注意到,当癌症患者使用化学制剂等治疗后,除了引起机体的造血系统、消化系统损害,以及抑制机体的免疫功能外,常可出现头发的脱落等改变。其实,除了抗癌药外,还有不少药物可致脱发。

118. 哪些药物可引起脱发?

抗肿瘤药物中,烷化剂(细胞毒素)中的氮芥类,如盐酸氮芥、氧氮芥(癌得平)、环磷酰胺(癌得星)、苯丁双氮芥(瘤可宁)、卡莫司汀;磺酸酯类,如白消安;抗代谢药如甲氨蝶呤、氟尿嘧啶;抗肿瘤抗生素,如博来霉素、放线菌素等;植物碱类,如长春碱、秋水仙碱等,均可引起脱发。

除了抗肿瘤药物外,其他化学制剂(如砷剂、醋酸铊、肝素、香豆素等)也可致脱发。另外,柔红霉素、氯贝丁酯、别嘌醇、苯茚二酮、卡比马唑、硫尿嘧啶、苯妥英钠、乙胺丁醇、吲哚美辛、左旋多巴、甲基多巴、呋喃妥因、呋喃坦啶、碘苷、乙硫异烟胺、庆大霉素等,均可引起不同程度的脱发。

曾有一例服大量鱼肝油达 6 个月之久的儿童,由于蓄积中毒反应,而引起黏膜干燥、粗糙、弥漫性毛发脱落、皮肤毛囊角化、红斑紫癜和色素沉着,同时还伴有颅内压升高、食欲缺乏、胃痛等表现。经测定,该儿童血清中维生素 A 的含量明显增高。停药后,症状减轻至消失。还有由于过量服用普通阿司匹林,而使头发开始脱落的报道。临床上用于治疗斑秃的可的松,同样可引起脱发。

口服避孕药亦可致脱发。避孕药的品种很多,有长效、短效、片剂、针剂。目前国内常用的避孕药主要是复方炔诺酮片、复方甲地孕酮片等口服避孕药。其主要成分不外乎雌激素和孕酮,孕酮是避孕药中的激素之一。孕酮的代谢衍生物具有雄激素特征,也可致脱发。

119. 药物引起脱发的表现是怎样的?

某些药物引起的脱发为生长期脱发,此时毛球的有丝分裂停止,伴有毛囊变细及缩窄,当严重受累时,大多数毛发在此断裂,如大剂量给药(如抗肿瘤药)时,脱发几乎在 1～2 周后立即产生。

有些药物,如肝素、硫脲类、吲哚美辛、庆大霉素等,可致休止期脱发,表现为头发脱落缓慢进行,常不被患者注意。患者注意到秃发症状前,已有脱落较多的现象。正常人每天脱落 40～100 根头发,而休止期脱发估计每天脱落 120～400 根。

口服避孕药致脱发主要表现为斑秃,也可呈脂溢性脱发。脱发可发生于服药的过程中,即初服避孕药时,可能就会发生轻度脱发,也可发生于停服避孕药之后。此时,也可能发生更严重的脱发,原因尚不清,只是这类脱发至多不会超过 6 个月。

120. 药物引起脱发的原因是什么？

我们知道，在接受药物治疗的过程中，可以得到两种治疗结果：一是治疗作用，如肺炎患者接受青霉素治疗后，体温下降，咳嗽消失，这是青霉素的治疗作用；另一是治疗过程中发生的非治疗性反应，如对青霉素过敏发生的皮疹、过敏性休克，这类非治疗反应，统称为药物的不良反应。

药物的不良反应除能引起发热、末梢血象变化及消化系统、呼吸系统等症状外，还有一些局部表现，如皮疹（药疹）、黏膜损害及毛发、指甲的病变。药物引起毛发、指（趾）甲的病变机会是比较多的，有的单独存在，有的与皮疹伴发。癌症的化学药物疗法，可能引起药物诱导性脱发。

避孕药之所以影响头发，是因为它含有一些孕酮（孕酮在人体内代谢过程中会产生雄激素），当女性停服避孕药时，常会发生一种诱导性脱发。另外，避孕药会影响维生素代谢，从而影响头发，所以服用避孕药的女性应当补充维生素 B_{12}、叶酸和维生素 C。避孕药还可对甲状腺功能产生不利影响而间接导致脱发，在甲状腺功能失调的同时，激素和营养也失去平衡，正是这三者的结合可导致大量脱发。幸运的是，停用避孕药后，脱发通常是完全可以恢复的。

121. 为什么摄取维生素 A 过多也会使人脱发？

一般认为，维生素 A 的用量不宜长期超过每日 5 万

单位。过量摄取维生素 A,会使上皮细胞核分裂增加及角化不全。

急性维生素 A 中毒常在过量摄取维生素 A 数小时后发生,表现为恶心、呕吐、头痛、头晕,渐渐出现皮肤大量脱屑。

慢性维生素 A 中毒可在每日摄取维生素 A 5 万单位以上或更大剂量,连续应用数月后发生。表现为皮肤干燥、粗糙、增厚,口唇干裂,皮肤色素沉着,头发、毳毛、眉毛及睫毛脱落,还有贫血、全身乏力、体重减轻、骨痛及肝、脾大等。患者血中维生素 A 浓度明显增高。

过量摄取维生素 A 引起脱发的治疗方法为,合理服用维生素 A。停服维生素 A 后,症状便逐渐消失,头发可恢复正常。

五、瘢痕性秃发的原因与防治

凡能引起头皮局部瘢痕形成、毛囊毁坏的病理过程,均可导致瘢痕性秃发的发生。归纳起来,瘢痕性秃发可由以下因素引起:①感染性皮肤病,如头癣、脓癣、秃发性毛囊炎、枕部乳头状皮炎、疖、痈、寻常狼疮、带状疱疹、天花、水痘等。②非感染性皮肤病,如扁平苔藓、局限性硬皮病、DLE、瘢痕性类天疱疮、假性斑秃等。③皮肤肿瘤,如皮脂腺痣、基底细胞癌、鳞状细胞癌等。④物理及化学因素等。这种秃发属于永久性脱发。

122. 哪些头癣会引起脱发?

头癣俗称"癞痢头"或"秃疮",是由真菌侵犯头皮或头发根引起的,大多发生在儿童。能引起头部暂时性或永久性秃发的主要是白癣和黄癣。

白癣是由铁锈色小孢子菌引起的,多发生于学龄儿童。初起时,在头皮上出现一片或数片圆形皮损,局部炎症极轻,仅附有较多的灰白色小片状鳞屑。之后渐扩大,呈边缘清楚的脱屑斑,头发渐渐失去光泽、灰暗、枯萎,往往在刚出头皮 2～3 毫米处折断,残根有一灰白色鳞屑圈包裹,像一发套。在周围又长又黑的正常头发衬托下,病变区的头发,好像是"脱落"了,实为折断。患者自觉轻度瘙痒,病程有自限性,一般头发仍能生长,不形成秃发。大部分儿童到青春发育期,由于受雄激素的刺激,皮脂腺功能十分活跃,产生大量皮脂,其中的不饱和脂肪酸可抑制真菌生长,从而使病情趋向痊愈,重新长出健康的头发。但本病极易传染,如果在白癣基础上继发化脓感染,则局部头皮可以肿胀,隆起似半球状。用手挤压可见到毛囊口处有脓液溢出,而成为脓癣。发生脓癣以后,也可成为永久性秃发。

黄癣由许兰毛癣菌引起,也初发于儿童,但到成年后不一定会好。黄癣初起时,在头皮上可出现针头大小的疹子,以后渐扩大,其上覆盖着许多大小不等的黄色厚痂,干而脆。仔细检查,可发现痂皮的周边高起,中心凹下,像一个碟子,在略微凹陷的中央部有一残发穿出。许多黄癣痂集聚在一起,可以堆得很厚,如不除去,时间一久,经过空气氧化,可成松脆的灰黄或白色厚痂。痂下可以是一个深在性的溃疡,并常继发其他细菌感染。待溃疡长好,黄癣痂脱落,头皮上即形成薄的萎缩性的并有一定光泽的瘢痕,病变区的毛发从开始的干枯无光泽而逐渐脱落。这种秃发是由于毛囊被破坏后从根部脱出,为永久性、不会再长。患者的头部发散出一股特殊的臭味,瘙痒明显。黄癣呈缓慢地、进行性地发展,成年期不会自然消退,直到全部头发几乎脱光,头皮萎缩才休止。这时可能仅在发际处残留少量正常头发。

123. 头癣是怎样发生的?

头癣是由真菌引起。真菌的种类很多,通常根据侵犯部位的不同,分浅部和深部两大类。浅部真菌侵犯皮肤、毛发和指(趾)甲,深部真菌侵犯内脏,浅部真菌病远比深部的多。

引起头癣病的真菌是浅部真菌,最常见的有许蓝毛癣菌(黄癣菌)、铁锈色小孢子菌和紫色菌或断发癣菌等传染性很强的真菌。传染的方式是接触了带有这种真菌的人、动物和用具(如帽子、毛巾、枕头套、木梳、篦子和理发用具)等。当真菌接触头皮后,首先在毛囊开口处生长和繁殖,经过1~2周后,在侵入的地方发生红色的水疱或脓疱,这时真菌就钻进毛囊深处,引起头发病变,如头发失去光泽、折断,外周有白色发鞘。随着时间的推移,病变范围扩大,头发变化也就越明显。如不去医治,很难自愈,尤其是黄癣,日子一长,患处头皮遗下瘢痕,成永久性秃发,同时还会传染更多的人患病。

124. 猫、狗会传播癣病吗?

有几种皮肤癣菌,如石膏样癣菌、狗小孢子菌(又名羊毛状小孢子菌)、石膏样小孢子菌等属亲动物性皮肤癣菌,能侵犯猫、狗、牛、兔等多种动物的皮肤而发生皮肤癣病。这种病主要表现为动物一片片的掉毛,因为发痒,大的动物如牛等常常在墙上反复磨蹭,小动物如猫、狗等则经常用爪弹抓以解痒,以致片片掉毛。如果人接触了这种患癣病的动物,也能被传染而患癣病。

近些年来由动物传染给人的癣病有增多的趋势,尤其是儿童,喜欢和猫、狗玩耍,更易被传染。

为了引起警惕,加强预防观念,这里介绍一个真实的事例。1987年1月,1名甘肃兰州汽车司机从野外抓回1只小黑猫,送给该市1位友人。结果,这位友人全家3口人中,与此猫密切接触者2人均患了体癣。以后这只猫又转送另外1家,该家同院20人中与猫密切接触者共8人,均先后患癣病。其中2名儿童的头部出现局限性脱屑及断发,真菌培养为亲动物性的石膏样癣菌。另外6个人皮肤上共有0.2~4厘米大的体癣共39块。对该猫进行检查,发现猫的鼻梁、左侧颈部及尾巴正中有0.5~2厘米的鳞屑斑,呈圆形或椭圆形,上有断毛残根。经治疗后均痊愈。

125. 为什么说头癣是可以预防的?

头癣是一种接触传染性疾病。患者的病发、头屑、病损痂皮中均带有大量真菌,并且这些东西可随时脱落,容易污染床单、枕巾、头巾、衣帽等。通过同床睡眠,玩耍时互相接触,互用头巾、帽子等,均能引起传染。理发用具如剃头刀、推子、梳子、剪子及毛巾等,被污染后未经消毒或消毒不严,公共使用,成为头癣广泛传播的重要途径。家中养的猫、狗患皮肤癣菌病后,也能传染人,致成体癣或头癣。

要消灭头癣,首先必须抓好预防工作,从切断传染途径着手,以防止继续蔓延,最终达到消灭的目的。

头癣的预防办法如下。

(1)预防头癣首先是要开展群众性的卫生宣传教育,尤其是托幼机构、小学校及广大理发、美发工作者要了解头癣的危害性、传染途径、传染方式及预防措施。小学校及托儿所、幼儿园要经常检查儿童头部,发现患儿应进行隔离治疗,防止传播蔓延。

(2)患者用过的物品及时消毒,对患者的衣、帽、枕套、枕巾、头巾、毛巾等,进行晒、烫、煮、熏(最好用甲醛溶液蒸汽消毒,每立方米容积用甲醛溶液 250 毫升,温度 58~59℃,时间 2.5 小时)等消毒预防措施。污染的理发工具应采取刷、洗、泡、火焰消毒等处理,带菌的毛发应予焚毁。

(3)对家中饲养的猫、狗要经常检查,一旦出现非正常脱毛斑片,要去兽医部门确诊治疗,防止传播。

126. 患了头癣怎么办?

头癣是可以治愈的,主要是要有耐心,在治疗时,应采取消毒隔离措施。

头癣的局部治疗很重要,目的在于消灭病发和头发表面的真菌。如头癣面积不大(直径在 2 厘米以内)且数目不多(不超过 3 片),可用镊子拔净病区及其边缘的头发,然后每天外涂复方苯甲酸软膏(白天)和 2.5%～5% 碘酊(晚上)。病损面积较大者,则以内服药为主,如灰黄霉素片每日 15～20 毫克/千克,疗程 2～4 周。具体用法:5 岁以下,每日口服 1～2 片(每片 0.1 克),6－10 岁,每日服 4 片,12 岁以上每天服 6 片,分 2～3 次口服。克霉唑 0.5 克,每日 3 次,或酮康唑 0.2 克,每日 1 次(儿童酌减)。亦可酌情配合外涂 5% 碘酊,或 10% 硫黄软膏,或复方苯甲酸软膏,或十一烯酸软膏,或克霉唑霜,或酮康唑霜等。

在治疗过程中,每天用热水、肥皂洗 1 次头,连续 1 个月,以后每 3 天洗 1 次,每周剃 1 次头。如能拔除病发更好。

127. 秃发性毛囊炎为什么会引起脱发?

秃发性毛囊炎是一种破坏性、留有永久性秃发的毛囊炎,它是由化脓性金黄色葡萄球菌感染引起的,另外还可能与患者对金黄色葡萄球菌及其代谢产物的过敏有关,同时多数患者有皮脂溢出或长期患脂溢性皮炎的病史。

秃发性毛囊炎常发生于青壮年。开始时为毛囊口周的小红斑,很快就成为浅表隆起的实质性小疹子,最后小疹子发展为小脓疱,愈合后留有圆形、椭圆形瘢痕,而瘢痕附近的毛囊逐渐又受到损害,发生散在、大小不等的红斑、脓疱。由于炎症的发生,使局部皮肤组织发生病变,毛囊、皮脂腺受到侵犯而发生萎缩、破坏,最后发生瘢痕性秃发。更甚者,皮肤损害不断地向四周扩大,更大范围地破坏头皮、毛囊,使秃发区连成大片。患者一般有局部瘙痒,有的可无任何感觉。病变除发生于头发处外,还可发生于胡须部及腋毛、阴毛等部位。这种病病程缓慢,可经过数年或数十年。

怎样防治秃发性毛囊炎呢?首先要保持局部皮肤清洁,预防和治疗皮肤损伤,及时有效诊治皮脂溢出或脂溢性皮炎,避免因瘙痒反复搔抓而使表皮受到破坏,致使化脓菌易于侵入。其次要积极治疗代谢失调、营养不良及慢性传染病等疾病(如糖尿病、结核病患者容易发生化脓性球菌感染而致毛囊炎),还要纠正免疫缺陷等有关致病因素。

治疗应根据病损的范围而定,对局限性的毛囊炎可使用抗生素合并皮质类固醇激素软膏;若损害广泛,则需要全身使用抗生素;对于极严重的患者,可以抗生素和皮质类激素联合应用。

128. 枕部乳头状皮炎为什么会导致瘢痕性秃发?

枕部乳头状皮炎又称为项部瘢痕疙瘩性毛囊炎,为发生于后颈部的一种慢性毛囊炎症性疾病,可导致瘢痕疙瘩性增厚和秃发性瘢痕形成。

枕部乳头状皮炎的病原菌主要是金黄色葡萄球菌,其次是白色葡萄球菌。后者又称表皮葡萄球菌,一般无致病作用,常见于皮肤表层,是皮肤正常菌丛之一,有抑制皮肤上其他细菌的作用,但由于某些因素的影响,亦可引起皮肤的痤疮化脓及其他感染。

本病多发生于中年以上的常伴有皮脂溢出、痤疮和瘢痕疙瘩素质(如溃疡愈合后往往局部产生肥厚性瘢痕)的男性。

枕部乳头状皮炎一般局限发生于颈后发缘处或后头部。疾病开始时,先出现局部散在性针头大毛囊性的丘疹和脓疱,进而互相融合,逐渐形成不规则的瘢痕硬结或硬块,有的地方有小的凹陷,间有束状头发穿出,脓液很少。患者自觉有轻度瘙痒或疼痛感觉,由于是毛囊周围的化脓性炎症、脓肿,往往严重破坏毛囊,导致永久性秃发。患者一般没有全身不适,病程极为缓慢,常可迁延数年或数十年之久。

怎样治疗枕部乳头状皮炎呢? 首先,患者要注意保持局部清洁卫生,局部有溃破、渗液、溢脓者可用 0.5%～1%新霉素溶液或 0.1%依沙吖啶液、马齿苋煎液等湿敷;同时可服用广谱抗生素,有的患者抗生素与皮质类固醇激素可同时应用。此外可使用浅层 X 线照射,对顽固难治病例可切除后植皮。

129. 疖和痈为什么会引起瘢痕性秃发?

疖是一种急性毛囊和毛囊周围化脓菌感染,多发及反复发作的疖称为疖病;多个相邻的毛囊深部感染而发生聚集性疖肿则称为痈。

疖和痈主要都是由金黄色葡萄球菌感染引起的,高温、潮湿、多汗、不洁及皮肤的擦伤、糜烂等均有利于细菌侵入及繁殖,患者的瘙痒性皮肤病、皮脂溢出均有助于细菌感染。经常接触矿物油的工人及足球、摔跤等运动员容易发生疖子,慢性肾炎、营养不良、糖尿病、神经衰弱及长期使用皮质类固醇激素以致机体抵抗力低下者,容易伴发疖病等感染。

还有一种疖,中医学称为热疖,俗称痱毒、假疖,乃小汗腺的化脓性感染。热疖几乎集中在7月至9月这三个月内发生。由于热天多汗,闷热,皮肤汗腺口被汗液或污物堵塞,细菌(主要是金黄色葡萄球菌)一旦侵入汗腺管口后,就容易发生化脓性感染。又因它常发生在儿童及产妇、尤其是小儿的头部,所以也称热疖头。

疖初起时为红色隆起的小结节,周围有红晕,结节逐渐增大,顶部出现脓栓("脓头"),局部有明显的触痛和自觉疼痛,数天后脓栓软化排出脓液,疼痛顿时减轻,红肿也很快消退。愈后留下表浅瘢痕。经常发生多个疖子,缠绵不断,即成疖病。

热疖一般是在痱子的基础上发生,儿童头面部多见,初起时很像虫咬后的水肿红斑,很快成为坚实的红色小结节,自觉疼痛,往往不止一个,逐渐长成豌豆、蚕豆甚至核桃大小,顶端钝圆,中心无脓栓,经过几天后变软、溃破,排出黄绿色黏稠的脓液,经5~7天结疤而愈。有时旧疹消退、新疹又继续发生,气温降低后可自然减轻。头部疖病可破坏毛囊致秃发。

发生疖病时,一般无明显全身症状,多发、重症者可有发热,附近淋巴结常肿大,更严重者可致败血症。

痈多发生于成年人,初起为炎症性、弥漫性浸润硬块,表面呈紫红色、紧张、发亮,继而化脓及组织坏死,其上出现多个脓点,脓液由多个毛囊口排出,形成蜂窝状脓头,其中有坏死性脓栓,最后脓栓与血性脓液一起排出,有时坏死组织全部脱落,形成深在性溃疡,以后局部结疤而愈,患处遗留永久性秃发。

痈发生在头部中以项、枕部多见,一开始发作即有发热、畏寒、头痛、食欲缺乏等全身症状,患部疼痛明显,严重者可继发败血症甚而导致死亡。

130. 怎样防治疖和痈?

儿童防热疖,夏天要注意防暑、降温,使儿童不致出汗过多而发生痱子,同时注意皮肤的清洁卫生,勤洗澡、勤修指甲、勤换衣服,保持枕席清洁。要纠正营养不良,治疗慢性疾病,增强对疾病的抵抗力。脓液渗出者应及时清净,以防污染。

治疗方面:在疖子的红肿硬结期不宜手术切开(有的红肿、硬结可不化脓、破溃而逐渐自行消退),可做热湿敷或理疗(超短波)以促进炎症局限。

初发的小疖子可用 2.5%～3% 碘酊连续涂搽 3～4次,每次十余遍,往往可消退。鱼石脂软膏是较好的外用药,最好先将纯鱼石脂滴在疖子上,使其干燥成为硬膏,或用 10% 鱼石脂软膏厚敷,每日 1 次,能促进炎症消退,并可减轻疼痛。市售莫匹罗星、诺氟沙星(氟哌酸)、氧氟沙星、红霉素等软膏均可外搽。中草药蒲公英、紫花地丁、马齿苋、芙蓉叶等可洗净、捣烂外敷,每日 1～2 次。

对形成脓栓的疖子或疖子变软、出现波动感时,可小心地挑出脓栓排脓，或切开排脓。切开时切口宜大，使排脓通畅，切口内可塞进少许消毒凡士林纱布条以引流排脓。

头部疖子尤其是长在鼻唇部者，不可用力挤捏、挑刺，以免病菌进入血流，向颅内海绵窦扩散，引起感染性血栓，危及生命。面部的疖及较重症者应给予大量抗生素，如青霉素、链霉素、红霉素和庆大霉素或磺胺类药，必要时采用耐青霉素酶的半合成青霉素。疖病可用多价葡萄球菌或自家疫苗做皮下或肌内注射，一般每周 1 次，3～5 次为 1 个疗程。

痈的治疗基本上与疖相同，并尽早给予有效抗生素治疗，局部可用 50％硫酸镁溶液或 75％乙醇湿敷。对病变范围大而炎症不断扩展者，应切开引流。

中医治疗：早期可用黄连解毒汤加减，成脓期以清热解毒、托里透脓为主，如痈内脓已形成，不能穿溃，或因气血虚弱不能化毒成脓，宜补气拔毒排脓，可加用黄芪、党参等。

131. 寻常狼疮为什么会引起瘢痕性秃发？

"狼疮"（Lupus）本是拉丁语"狼"，意指任何能像豺狼一样残酷无情地毁坏皮肤的疾病。寻常狼疮是结核杆菌侵犯皮肤或其他脏器的结核病灶所继发的皮肤损害，是皮肤结核中最常见的一种，约占所有皮肤结核病人的半数。但"狼疮"一语非专指皮肤结核，如红斑狼疮则是结缔组织疾病。

寻常狼疮的发生多数为再感染所致,皮肤的结核杆菌感染,有一定的传染性,病菌侵入皮肤的途径有:①从破损的皮肤植入,如外伤、文身、种痘等致皮肤轻微损伤,直接接触结核杆菌或含有结核杆菌的痰、尿、粪及用具等,即所谓外感染途径。②由附近的黏膜结核病灶直接蔓延到皮肤。③从皮肤下方深部组织(淋巴结、骨关节)的结核病灶通过窦道累及皮肤。④由附近组织(淋巴结等)的结核病灶经淋巴管侵入皮肤。⑤由远处结核病灶(如肺结核)经血行播散到皮肤,即由机体内部器官或深层组织的结核病灶,其结核杆菌经血行或淋巴系统传播到皮肤组织的内感染途径。

患者的营养、生活条件、卫生状况、机体免疫力等多种因素对寻常狼疮的发生与发展皆有很大关系。

寻常狼疮虽可发生于各种年龄,但以儿童和青年较多见(约占80%)。本病初起为局部出现棕色斑,境界清楚,略高起,触之稍硬韧,其上有许多针头、粟粒大小的结节,并逐渐扩大至豌豆大小,红褐色至棕褐色,呈半透明状,触之质软。用玻片按压,使周围充血和发红的皮肤暂时变白,就能较清楚地看到这种结节呈淡黄色或黄褐色,如苹果酱颜色,故称苹果酱结节。有时许多结节互相融合,构成大片红褐色浸润性损害,直径可达10~20厘米,表面高低不平。在长期的过程中,有的损害自愈形成瘢痕,有的结节往往破溃形成溃疡。溃疡中央或一侧结疤治愈,但边缘或另一侧不断向外扩展,成弧形或蛇行等形态。组织毁坏性大,愈后结成高低不平的条索状瘢痕;有的瘢痕收缩,发生畸形或功能障碍。更为严重的是,有的在愈合的瘢痕上又可再发新的狼疮结节,再破溃形成溃疡。故本病常迁延数十年不愈,有的在萎缩性瘢痕上容易引起鳞状细胞癌等皮肤癌。

寻常狼疮好发部位以面部较多,占 50％以上。面部寻常狼疮经过慢性病程,常致面部皮肤深部组织如鼻骨、耳软骨等严重破坏,造成眼睑外翻变细小,鼻子毁坏,以致缺鼻子,耳壳破坏只留耳孔,耳后、耳上亦可见秃发性瘢痕致永久性秃发。

132. 为什么水痘可引起瘢痕性秃发?

水痘是由水痘-带状疱疹病毒所引起一种传染病,此病毒存在于患者的呼吸道分泌物、疱液和血液中,经飞沫或直接接触疱液而传染,造成流行。其传染性很强,从发病前一日到全部皮疹干燥结痂为止均有传染性。但也有很多人被感染后并不呈现临床症状或症状很轻微而被忽视。据统计,在 15 岁以下的正常人约 70％有曾被感染的证据。

人体感染病毒后,经 2 周左右的潜伏期,起病较急,可有发热、全身倦怠等初期症状,儿童比较轻微,发热较低(或不觉发热),经过 2～3 天后消退。很快出现皮疹,最初皮疹见于躯干,渐延及头、面、四肢,呈现向心性分布。初起为针头大小红斑,迅速变成坚实疹子,数小时后即成绿豆大小水疱,圆形或椭圆形,周围绕以红晕,疱壁,易破,常有瘙痒。经 2～3 天而干燥结痂,以后痂脱而愈,一般不留瘢痕。在发病 3～5 天内皮疹陆续分批出现,故同时可见丘疹、水疱、结痂等不同时期的皮疹,病程约 2 周。

水痘的并发症并不多见,主要是继发感染,而感染则可导致瘢痕,发于头部者,可致瘢痕性秃发,少见的并发症为水痘性肺炎、脑炎等。

防治水痘,首先应隔离患者,体弱者接触水痘患者后4天内,可注射丙种球蛋白。

水痘的治疗主要是对症处理、预防继发感染和加强护理。发热期应卧床休息,给予易消化的饮食和充足的水分,热度较高者可给予退热药,皮肤瘙痒较重者可内服抗组胺药,亦可外用炉甘石洗剂止痒。继发感染时,需全身使用抗生素,重症患者可肌内注射丙种球蛋白3～6毫升。

133. 为什么带状疱疹会引起瘢痕性秃发?

带状疱疹民间俗称"蛇丹""缠腰蛇",是由水痘-带状疱疹病毒感染引起的。多数人在幼年时即已感染这种病毒,临床上表现为水痘,也可无任何症状(隐性感染)。此后,少量病毒仍长期潜伏在脊髓后根神经节的神经细胞之中。由于某些因素的影响,病毒可再生长繁殖,使更多的神经节发炎,病毒还可沿周围神经侵犯皮肤,引起相应区域的皮肤损害。机体抵抗力差、外伤、过度疲劳、各种感染也可成为本病的诱发因素。

本病在春秋季节易发,任何年龄都可发生,痊愈后可获终身免疫力,一般不复发。

患者发疹前常有疲倦无力、食欲缺乏等轻微全身症状,患处可有神经痛、发痒或感觉过敏。一般来说,年龄越大,疼痛往往越剧烈,每可误诊为风湿痛、肋间神经痛、三叉神经痛、偏头痛等症。

皮疹可发生于身体各部,具有按外周神经支配呈单侧节段分布的特点,躯干、四肢呈带状,而头额则成簇、成片状。初起皮疹多为红斑,继而在红斑上出现水疱,并逐渐增多,水疱自米粒至绿豆大小,常集簇成群,群与群之间有正常皮肤,排列可密集成片或带状,病情较重者,可出现血疱、糜烂、溃疡,头面部皮损范围也局限于一侧,不跨越中线。2～3周后炎症消退,结痂脱落;留下暂时性色素沉着或表浅瘢痕。某些老年人或营养不良的患者皮损可坏死,称坏疽性带状疱疹,愈后可有明显的瘢痕,头部则见秃发性瘢痕。

134. 怎样治疗带状疱疹?

带状疱疹是能够自行痊愈的疾病,很多轻症病例往往并不需要内服药物治疗。为了减轻疼痛、缩短疗程,可选用吲哚美辛、维生素 B_1、维生素 B_{12}、维生素 E 口服或注射,亦可采用吗啉胍、板蓝根制剂、龙胆泻肝汤加减等治疗,局部外用炉甘石洗剂。

对于头、面额部侵犯三叉神经、面神经、听神经及其支配部位皮肤的带状疱疹患者则应尽早积极治疗,可用阿昔洛韦片 20 毫克,每日 5 次,或用阿糖胞苷 50 毫克,加入 10％葡萄糖溶液中静脉滴注。对年老的患者、症状较重者,若无明显禁忌证时,早期可给予皮质类固醇激素,加泼尼松 10 毫克,每日 3 次,可减轻炎症、减少瘢痕的发生,并可阻止对受累神经节和神经纤维的毒性和破坏作用,减少带状疱疹的后遗神经炎症状。

135. 扁平苔藓为什么会引起瘢痕性秃发？

扁平苔藓并非罕见病，其原因及如何发病的学说较多，意见不一，至今尚无定论，有神经、精神、感染、自身免疫等发病学说。

扁平苔藓主要发生在皮肤和黏膜上，少数病例可有指甲、趾甲和毛发的损害。

扁平苔藓的典型皮损为稍高起于皮面的扁平丘疹，米粒及绿豆大小，多呈角形，亦可呈圆形或椭圆形，边界清楚。多为紫色，亦可呈暗红色，表面有一层光滑、发亮的蜡样薄膜。同一患者皮疹往往大小一致，但有时也可大小不一，或互相融合，或成散在分布，多有瘙痒症状。

损害可发生于任何部位，一般四肢多于躯干，四肢屈侧多于伸侧。根据扁平苔藓损害形态和分布状况可分为：急性泛发性扁平苔藓、慢性局限性扁平苔藓、肥厚性扁平苔藓、线状扁平苔藓、环状扁平苔藓、萎缩性扁平苔藓、钝头性扁平苔藓、大疱性扁平苔藓、滴状扁平苔藓、红斑性扁平苔藓、光线性扁平苔藓、孤立性扁平苔藓、掌跖扁平苔藓及毛囊性扁平苔藓等十多种。

毛囊性扁平苔藓又名毛发苔藓，成年女性多见，是扁平苔藓在发病过程中出现毛囊性尖顶丘疹。丘疹中央可有棘刺状角栓，除毛囊性丘疹外，还可见到扁平丘疹。扁平苔藓可发于头皮，局部多呈斑片状，偶尔呈弥漫性，局部头皮萎缩或有瘢痕形成，并引起永久性秃发。

迄今为止对扁平苔藓尚缺乏满意的治疗方法。所应用的方法不少,但有效率都不很高,头皮局部扁平苔藓可试用病灶局部注射曲安西龙悬液(每毫升含 5 毫克)。

136. 局限性硬皮病为什么会引起瘢痕性秃发?

局限性硬皮病是由于结缔组织代谢异常、血管病变、自身免疫等原因引起,以局限性皮肤纤维化或硬化,与其下的皮肤组织不能移动而有皮贴骨的外观,最后发生萎缩为特点的一种皮肤病。局限性硬皮病亦能累及内脏器官,并可转变成系统性硬皮病。

局限性硬皮病可有点滴状、斑状、线状、带状硬斑病等几种,可分布于全身各个部位,以斑状硬斑病为多见,常发于面、颈、腹、背、四肢等处,初呈圆、椭圆或不规则形淡红色水肿性斑片,经数周或数月后扩大且硬化,呈淡黄或象牙色,表面干燥、平滑,周围有轻度紫红色晕。经过数年后,逐渐萎缩。皮损的数目和部位不一,多数患者只有一个或几个损害并呈对称性。皮损在头皮时可引起硬化萎缩性斑状脱发。

线状或带状硬皮病,皮肤硬化常沿肋间神经或一侧肢体呈带状分布,亦可发生于前额近正中部,向头皮延伸呈刀砍状。局部皮损常显著凹陷,开始即成萎缩性,皮肤菲薄,不发硬,程度不等地贴于骨面上。额部带状硬皮病大多单独出现,某些病例合并额面偏侧萎缩,可影响毛发的生长。

目前各类局限性硬皮病的治疗均不够满意,但也可见自愈,特别是儿童。用曲安西龙病灶局部注射(每毫升含 5 毫克),口服抗组胺药(如氯苯那敏、阿司咪唑)、维生素 E 等有一定治疗价值。

137. 盘状红斑狼疮为什么会引起瘢痕性秃发？

盘状红斑狼疮是红斑狼疮的一种,其损害主要局限于皮肤。除皮肤损害外还有全身症状及多脏器损害的称系统性红斑狼疮。两者的临床表现及实验室检查的改变有差别,但不能绝对分开。盘状红斑狼疮约有 5% 转变为系统性红斑狼疮,而系统性红斑狼疮有 6%～20% 以盘状皮疹为初发症状。

目前认为,红斑狼疮是一种与遗传因素有关的自身免疫疾病,诱因包括日晒、外伤、情绪波动、药物、感染和妊娠等。

盘状红斑狼疮为境界清楚、大小不等的皮肤持久性盘状红斑。表面毛细血管扩张,局部皮肤常萎缩而稍凹陷,其上覆盖一层灰褐色鳞屑,与基底面黏附很紧,强行剥离后可见鳞屑下面有许多刺状角质突起,拴在扩张的毛囊口。另一种皮损表现为红色水肿性斑,表面鳞屑少或者没有,不萎缩,境界不清楚,皮损多发生于面部,特别是面颊和鼻背,呈蝶形分布,其次发生于口唇、耳郭、头皮、手背、指背,亦可泛发性发生。患者自觉轻度瘙痒或无任何不适的感觉。

盘状红斑狼疮病程缓慢,少数病例可自行消退,一般愈后留下色素减退的萎缩性瘢痕,头皮可形成萎缩性秃发区。本病容易复发,有时在日晒或过度劳累后加剧。

少数经久不愈的陈旧损害会因局部用药不当或其他慢性刺激,发展成鳞状细胞癌。

盘状红斑狼疮一般需要内服药物治疗,可用抗疟疾的药如磷酸氯喹 0.25 克,每日 1～2 次。病情好转后减量,有时每周 0.25～0.5 克即可控制病情。中草药雷公藤 15 克煎服,每日一剂,或雷公藤总苷片 20 毫克,每日 2～3 次。沙利度胺每日 100～300 毫克,见效后每日 50 毫克维持;维生素 B_{12}、维生素 E 可应用,泛发病例可口服小量皮质类固醇激素。

外用疗法:可用皮质类固醇激素药膏封包,或皮损内注射曲安西龙(每毫升含 2.5～5 毫克),每 3～4 日注射一次。药物浓度不宜过高,以防在注射部位发生皮下组织萎缩,局部皮肤凹陷;对头部皮损的治疗应更加注意,以免后遗永久性秃发斑。

138. 瘢痕性类天疱疮为什么会引起秃发?

瘢痕性类天疱疮又名良性黏膜类天疱疮,是一种原因不明的慢性水疱性皮肤病。

本病好发于壮年及老年人,平均发病年龄超过 65 岁,女性为多,主要侵犯眼结膜、口腔黏膜,75% 的患者最终有眼睛的损害,终至失明。

有 1/3～2/3 的患者有皮肤损害,为红斑基础上反复发生水疱,以后形成瘢痕及色素沉着,可局限发生于有黏膜损害的体腔周围皮肤,亦可泛发。皮肤损害发生于头顶部,引起局部的萎缩性瘢痕,导致永久性秃发。本病皮肤、黏膜损害比较严重,但一般没有全身症状。

瘢痕性类天疱疮的病程可持续多年,活动、缓解间隔数月,交替发作,不影响全身健康,但常影响视力,失明者较少,偶见食管完全闭塞、口腔慢性溃疡、癌变和死亡。

本病无有效治疗办法,无论系统或局部应用皮质类固醇激素均不能使本病停止发展。或试用氨苯砜,用量为每日25毫克开始,每3天增量一次,一般最大控制量为每日150毫克,维持量为每日25～150毫克。部分病例可望控制病情。对持续不愈的皮肤和黏膜损害可用植皮治疗,植皮区不再发生水疱。

139. 假性斑秃会引起瘢痕性秃发吗?

假性斑秃又称萎缩性秃发,是一种原因还不明确的、较少见的秃发病。有人认为是由扁平苔藓引起的一种瘢痕性秃发,也有人认为是一独立疾病或与精神因素等有关。

假性斑秃头皮出现秃发区而像斑秃,但患处皮肤萎缩,不能再长头发,这与斑秃完全不同。假性斑秃多发生于中年男性,初起时往往在头皮上只有1～2处小片损害,为圆形、椭圆形或不规则形的秃发斑;以后逐渐扩展和增多,可散在分布,也可融合成片,秃发区头皮表面萎缩而略显凹陷。患处表面光滑、发亮、薄如纸,毛囊口不清楚,没有炎症及断发,也无自觉症状,境界清楚,边缘头发不松动。

病情逐渐进展,经过几个月或几年后,往往不再发展,因此头发不致全部秃光,但秃发处不能再长头发。除了头皮局部萎缩、脱发外,有的患者可发生指甲营养不良改变。

假性斑秃目前尚无确实有效的治疗办法,可试用曲安西龙局部封闭治疗。

140. 皮脂腺痣会导致瘢痕性秃发吗?

皮脂腺痣是一种表皮、真皮及表皮附属器先天性的皮肤良性肿瘤。

根据皮脂腺的发育情况,皮脂腺痣可分为三期:第一期(儿童期),皮脂腺尚未完全发育;第二期(青春期),皮脂腺增大,临床表现更为明显;第三期(老年期),皮脂腺呈肿瘤样增生。

本病往往在出生不久或出生时即发生,在儿童期,表现为一局限性表面无毛的斑块,稍见隆起,表面光滑,有蜡样光泽,淡黄色。青春期由于皮脂腺充分发育,损害呈结节状、分瓣状或疣状,黄褐色或红褐色;老年皮损多呈疣状,质地坚固,可呈棕褐色。

皮脂腺的形状可不规则,大小不等,直径在数厘米以内,表面平滑或有脂性鳞屑,一般无任何自觉症状,局部无毛发生长,表现为瘢痕性秃发。个别患者在皮肤腺痣的基础上,并发上皮肿瘤如基底细胞癌、鳞状细胞癌。

皮脂腺痣多长在头皮上,往往由于梳头而致损伤继发感染,而有瘙痒、疼痛感觉,并有恶变的可能性,故一般在青春期前的小儿期行刮除术或二氧化碳激光手术治疗。

141. 基底细胞癌会导致瘢痕性秃发吗?

基底细胞癌又名基底细胞上皮瘤、侵蚀性溃疡,好发于中老年人的头、面部，可能与日光长期照射有关，也可在某些皮肤病（如慢性放射性皮炎、盘状红斑狼疮、烧伤瘢痕和痘疤等）的基础上出现。

基底细胞癌初起为一表面光亮、具有珍珠样隆起的圆形斑片，表皮菲薄，常可见少数扩张的毛细血管及少许雀斑样小黑点，也可表现为带褐黑色或淡黄色珍珠样的小斑块或浸润性红斑，表面稍有角化或伴有糜烂，初起单发，后来可增多。

本病的损害有各种类型，最常见的是结节溃疡型，如豆大至指头大隆起的结节，淡红或红色，表面光滑如蜡样，有毛细血管扩张，中央可溃破、出血、结痂，边缘卷起，即所谓侵袭性溃疡。表面凹凸不平，坚实而有光泽，形如串珠。在原皮损附近可出现新的损害，互相融合，溃疡逐渐扩大，重者能破坏局部软组织及骨骼，以致造成毁形，并致毛囊毁坏引起瘢痕性秃发。

基底细胞癌的治疗，通常根据肿瘤的大小、发病部位等具体情况采用不同的治疗方法。病变小而表浅，可外涂氟尿嘧啶软膏等制剂。对一种皮损，可酌情用组织冷冻切片指导下行手术切除治疗。不宜手术者可分次小量、持续数周行放射治疗，可减少组织坏死及瘢痕形成。化疗及二氧化碳激光治疗也可采用。治愈的患者仍要定期观察，注意局部有无复发和其他部位有无新发病损。

142. 鳞状细胞癌为什么会导致瘢痕性秃发？

鳞状细胞癌又称表皮样癌，简称鳞癌，可发生于皮肤及黏膜。日光照射部位如面部、手背较多见,有时头皮、耳朵等也可受累。鳞癌往往发生于某些皮肤病的基础上,如日光或 X 线损伤性病变、光线性角化病、日光性唇炎、慢性放射性皮炎及红斑狼疮、寻常狼疮、慢性溃疡、瘢痕组织及黏膜白斑等。

鳞癌是一种恶性肿瘤,其发生有明显的地区差异,从事不同职业的人群发病情况也不一样,这除了取决于环境中的致癌因素外,与个体敏感性也有关系。

鳞癌患者往往是长期在日光下活动的人,经过 10～20 年之后才会发病,一般发生在中、老年人。

鳞癌多发于暴露部位,初时有的损害表现为一个表浅硬结,可呈疣状,暗红色,表面毛细血管扩张。表现为浸润性硬块,之后发展为斑块、结节或疣状损害。在几个月的病程中表面或形成溃疡,或呈菜花状增生。触之发硬,坚实感,基底部有浸润。肿瘤边界不清与下面的结构粘连、不活动,周围组织往往充血,边缘呈污秽、暗黄红色。肿瘤的发展比较迅速,局部呈破坏性生长,侵犯结缔组织、软骨、骨膜和骨,发于头皮者则会破坏毛囊致瘢痕性秃发。晚期有时会转移到附近的淋巴结或内脏器官。

外科切除是鳞癌首选疗法。切除范围要大,要超出损害范围至少 3～5 毫米,并需足够深度,切除标本应做病理检查,以明确诊断及查明肿瘤是否切除干净。二氧化碳激光等治疗亦可。头面部肿瘤,尤其是分化较差,但尚未侵犯骨骼、软骨或未发生转移者,均可行放射治疗。

143. 瘢痕疙瘩也会引起秃发吗？

瘢痕疙瘩系皮肤结缔组织对创伤的反应超过正常范围的表现。

瘢痕疙瘩患者可能有发生本病的素质，据报道有一家三代9人患病的情况，且均在左上臂种痘处有增生性瘢痕，其中6例同时有痤疮所致瘢痕疙瘩性损害。瘢痕疙瘩中，可见大量的成纤维细胞增生，产生过量的胶原和黏多糖，后者可保护前者免受酶的破坏，而使胶原增生堆积。瘢痕疙瘩似乎是在正常皮肤上发生，但实际上是由于一些轻微损伤（如虫咬、抓破、擦伤之类）引起。有瘢痕疙瘩素质的人，对如此极轻微的损伤，就会使局部皮肤结缔组织发生超常反应而大量增生。

瘢痕疙瘩往往表现为局部硬而韧的结节性斑块，呈淡红色或红色，有细小毛细血管扩张，表面光滑，无毛发生长，一般无自觉症状或感轻微瘙痒、刺痛。以后可持续或间断生长数月至数年，形成不规则外观，有时如蟹足状。瘢痕疙瘩容易受激惹且过度敏感，甚至衣服压迫即可造成疼痛。

由轻微外伤或某些炎症性皮肤病致局部发生的瘢痕疙瘩，可明显超出外伤或炎症性皮损范围，逐渐增大，到一定程度后固定不变，极少自然消退。

瘢痕疙瘩可用曲安西龙（每毫升含 10 毫克）做病灶封闭，疗程视病变大小、厚薄而定。

144. 瘢痕性秃发如何进行整形美容？

因为秃发畸形，特别是发生在鬓角、前额、头顶或枕部等部位的秃发，即使面积不很大，也会造成外观不雅，对容貌有明显的影响，给患者精神、心理上带来巨大的创伤和压力。因此，无论从功能上或是外观上来考虑，瘢痕性秃发都应及时做整形修复。整容的目的在于重新分配带有头发的头皮，使之能掩盖秃发区域，恢复原来满头秀发的自然美。

瘢痕性秃发的整形手术方法，整形专家介绍的大致有3种。

（1）直接切除缝合：对于面积较小、狭长的瘢痕性秃发，可采用局部切除、头皮直接拉拢缝合。年轻人的头皮较薄，伸展性也好，即使瘢痕稍大，有时也能在切除后直接进行缝合，如果不能一次全部切除瘢痕，可采取分期多次手术切除缝合。瘢痕缩小到一定的范围后，经梳理头发可完全遮盖住无发区。对于儿童期的瘢痕性秃发，从颅骨发育特点来看，一般认为四五岁以后手术较好；从影响儿童心理方面考虑，手术愈早愈好，宜在学龄前手术，最迟也不要晚于青春发育期。

（2）头皮皮瓣转移修复：范围较大的瘢痕性秃发，可根据瘢痕面积及有毛发部位的具体情况，设计邻近局部头皮皮瓣，以推进、旋转方式覆盖瘢痕秃发区。由于头皮血供丰富，设计的头皮瓣的长宽比例可大些。如用含有主要营养血管的轴型皮瓣，其长宽之比可不受一般皮瓣的比例限制，局部皮瓣可设计成单蒂、双蒂或多瓣形。一般认为,秃发区占头皮有毛部位的 1/4～1/3,都可用头皮皮瓣转移的方法来整形修复,设计合理的均可消灭秃发区。通常头皮皮瓣转移修复后半年,头发生长就比较完善自然了。

(3)头皮扩张器法:为了增加有头发头皮的供皮面积,部分秃发患者可应用皮肤组织扩张器扩张有毛发头皮,以获得"额外"的头皮来修复。手术分两期进行。第一期手术,预先将扩张囊埋入有毛发的头皮帽状腱膜下,自拆线后即可自注射壶向扩张囊注入无菌生理盐水,每次 10～15 毫升,每隔 3～7 天注射 1 次,至注满扩张囊容量、扩张到适宜为止。第二期手术为取出扩张囊,切除瘢痕,把已扩张的有毛发的头皮设计成皮瓣,经推进、旋转修复创面,消灭秃发区,术后 3 个月至半年,头皮生长就正常了。对于较大面积秃发区可再次埋扩张器,行二次修复。

六、男性型秃发的防治

男性型秃发又称早秃或脂溢性秃发,其病因至今尚未完全明了,但遗传、雄激素等被认为是起主要作用的因素。典型的男性型秃发的标志是教堂僧侣的发型,从前额上边到头顶的一大片头发掉光,其间头皮不形成瘢痕,但由于毛囊萎缩,毛发再生往往相当困难,头顶四周的头发却完好无缺。

145. 什么是男性型秃发？

青春期以后的男女青年，都有前额发缘后移的现象，头发也比以前减少，同时几乎有80％的男性出现前额和两颞发际明显变高，但这不是男性型秃发的征兆，而仅是男子汉的某种象征。

然而，随着年龄的增大、性发育的更加成熟，一部分男子先从额部两侧开始脱发，逐渐向上扩展到头顶部，毛发逐渐稀少、纤细，终而大部或全部脱落。也有的人从头顶部开始秃发，秃发区皮肤光滑或遗留少数毳毛，但枕部及两侧发际处往往仍有剩余的头发。头发脱落的速度、范围和严重程度因人而异，有的仅轻度秃发，时好时坏，可持续多年不变，进展很慢；有的可在短短几年内达到老年秃发的程度。

这种高额、谢顶的秃发病症，医学上叫男性型秃发。此外还有许多的异名，如普通脱发、范型脱发、男子异常型秃发、男子秃发症、青年脱发、雄激素源性脱发及早年秃发、早老性秃发和早秃、脂溢性秃发等。而早秃、脂溢性秃发是这类秃发常用、习用的病名。中医学则称这种秃发为油风，《医宗金鉴·外科心法》六十三卷中有："油风毛发干焦脱、皮红亮、痒甚"的论述。中医学病名还有"发蛀脱发""蛀发癣"等。

通常，男性型秃发患者在30岁左右脱发较快，最后有12％～15％的人大部分头发在短期内脱落呈秃头。其中有1％～2％的患者在30岁以前即可发生，有的十七八岁时就能明显地看出来，而且脱发速度会很快。

146. 男性型秃发有何特点？

从头发脱落进程及头发脱落后头皮和外观来看，男性型秃发具有以下特点。

（1）秃发是从额角及前额中部开始，继而在顶部也发生秃发，最后和额、顶部连成一片。有人把秃发过程分为5个阶段（或5型）（图3）。

①前额部尤其是两侧额角部出现头发明显稀少，发际上移——额角、额中部秃发（Ⅰ型）。

②随着年龄增大，脱发增多，头顶的毛发也逐渐脱光——头顶部秃发（Ⅱ型）。

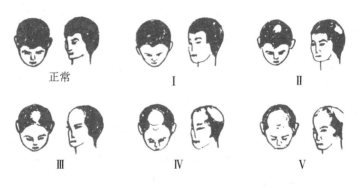

图3　男性型秃发的过程

③头发继续脱落，秃发区慢慢扩展，以至头顶部和额部秃发区互相融合——秃发区融合（Ⅲ型）。

④枕部头发脱落、枕部发缘上移——枕部脱发（Ⅳ型）。

⑤最后仅剩颞枕部一狭圈头发——马蹄型环状发

（Ⅴ型）。

中国人多数发展到③、④阶段便静止下来。

（2）秃发区头发短而细软，颜色浅黑。通常头发分布是 3～6 根一束，粗细均匀，而男性型秃发者，每束头发数量减少，细软发增多。

（3）秃发总的趋势是进行性的。多发生在 20—29岁，开始为突然发生的秃发，一般 30 岁左右脱落较快。其后若干年，便转为持续顽固的脱发，直到恒毛生长完全停止时，毛囊才发出较纤细、较淡的恒毛。而头发的毳毛继续生长，由于缺少恒毛，使毳毛更显得突出。顶及枕部的头发通常为持久性稀少，50 岁以后脱发渐渐稳定下来，再往后进入老年性秃发期，这时体内雄激素水平下降，毛囊因年龄增长而老化。老年性秃发无性别差异。

147. 什么是脂溢性秃发？

男性型秃发患者伴有明显脂溢外观，以至有明显的脂溢皮炎症状者，习惯上称为脂溢性秃发。

如同毛囊一样，皮脂腺也是哺乳动物所特有的，虽然一切皮脂腺在构造上都相似，但在分布和性质方面却有物种的差异，即使人体各部分也不尽相同。人体上最大、最多的皮脂腺是在头皮、前额、颊部、鼻翼和颏部，这些部位每平方厘米皮肤上可以找到 400～900 个皮脂腺，其他地方每平方厘米少于 100 个，而在手掌、足底、足背上就没有一个。同时腺体的数目、大小因人而异。

皮脂腺的正常发育、分布及正常分泌，保证了皮肤和机体的健康，保证了皮表和毛发的健美。若皮脂分泌过度及皮脂化学成分异常改变,可促使皮肤表面的某些细菌、真菌(如卵圆形糠秕孢子菌)大量繁殖,影响皮肤、毛发的正常代谢。皮脂被细菌(如痤疮棒状杆菌)分解,产生游离脂肪酸,对皮肤也是一种不良刺激,于是局部皮肤除了表现油腻、脂垢堆集、皮屑纷扬外,重者则产生局部皮肤的慢性炎症,凡皮脂腺分布较多的地方如头皮、眉弓、耳郭、前额、鼻唇沟、胸背、耻骨部及腹股沟等处均可受累,表现为局部散在分布的红斑、丘疹,其上覆盖着淡黄色脂性鳞屑,炎症明显时还可有轻度糜烂、渗液。同时瘙痒很明显或阵发性奇痒,头发、眉毛渐渐地稀疏、脱落,这就成了脂溢性秃发。

148. 脂溢性秃发局部有何表现?

根据"脂溢"的情况,脂溢性秃发头皮局部大致有两种表现。

(1)糠秕状秃:头皮出现较多的灰白色、细小的糠秕状鳞屑,弥漫分布,用手搔抓则纷纷扬扬,如雪花飘落。患者头皮可显得干燥,头发枯萎。头发多从前头部开始向头顶部逐渐脱落,患病时间长了,头皮作痒,头发稀疏、纤细。

(2)油秃:表现为头皮皮脂腺分泌旺盛,头皮表现异常油腻。由于尘埃、皮屑和油性分泌物混杂,头皮上常有油腻性脂垢堆集,头发光亮、润滑,好像搽了油。经过一段时间后,头发也会变得纤细,并逐渐脱落。可由顶部开始,蔓延至额部。

脂溢性秃发的脱发量时多时少,多时瘙痒加剧,头屑增多。

秃发者毛发多处于静止状态,毛囊缩到最小,毛发根部呈细棒状,这些头发在梳理、搔痒时很容易松动、脱落;在脱发初期,头发还能部分再生,因而粗细不一。由于秃发时头发的脱落,将被另一根头发取代,但这后一根头发的寿命比原来那根短;而当后一根头发脱落时,又被另一根新发所取代;这根新发寿命也许只有一两年;这根新发届时又被另一根取代,这另一根的寿命甚至更短,也许只有 6 个月,依此类推。

秃发的人每代头发都越长越少,寿命越来越短,直到脱落,最终成了绒毛状。以后头发的再生能力越来越弱,同时病区真皮下组织亦发生变性,使毛囊进一步萎缩,不易恢复。这种变性和萎缩,使患者头皮比正常人紧张,血液供应量下降,病区皮脂腺数量减少,但皮脂分泌量并不减少,反而可能增加,则致病情加重。

149. 什么是早秃?

男性型秃发患者中有的表现为早年或早老性秃发,称之为早秃,早秃患者多见于不到 20 岁或 20 岁刚出头的男青年,其秃发发生突然而快速,严重者 30 岁以内头顶部头发已脱光,仅剩少许细短汗毛。同时患者家族发病及代代相传的遗传病史较突出。

早秃患者可没有在脂溢性秃发中所见的过多皮脂溢出、皮屑多等表现,也没有脂溢性皮炎及明显瘙痒等症状。脱发的最初症状是过多的头发脱落到发梳、发刷或枕头上,或者两鬓及头顶部的头发变稀,前发际明显后退。

150. 女性会发生男性型秃发吗？

女性成年期，都要经历一种普遍的、分布均匀的头发悄悄变得稀疏的过程，这是自然现象，没有什么值得惊慌的。而女性中过多的脱发则是不正常的，必须认真对待。

男性型秃发在男性、女性均可发生，其发病率尚无精确统计。青年女子早秃病例难寻，但随着年龄增大，女性的男性型脱发却并不鲜见。

女性早秃比男子出现晚、发展慢、症状轻，表现为头发稀疏，尤其是在头顶部。两侧颞部毛发也较少，短而色淡。Ⅰ型早秃常出现在 40 岁以后，Ⅱ型早秃在 50 多岁绝经期后的女性多见。

女性男性型秃发伴有皮脂溢出，头皮屑多的病例并不少见，有 25% 的患者发生在 40 岁以前，也可在青春期后即已出现。

女性早秃有时可表现为一种缓慢发展的弥漫性脱发。这种弥漫性脱发表现为前发际线相对正常，可稍微后退些，并有数量不等、细而短的头发，头顶部毛发明显稀疏变薄，将头发推向一侧，可发现颞部头发也变稀疏，然而枕部并无脱发。这种弥漫性的头发稀疏、变薄，与前发际正常的额角形成鲜明的对比。女性弥漫性脱发有时可在数月内变得非常严重，头发变软，毛干变细，并失去光泽，头皮受累区变薄，除瘙痒之外还可出现灼热、触痛等症状。

151. 男性型秃发会影响健康吗?

年轻男性发生头发脱落、稀疏,以致露出头皮,成为高额、谢顶的早衰征兆,确实令患者担忧、苦恼。然而许多患者担忧的不是身体的衰老,而是担心秃发会使自己不再像从前那样富有魅力。

近年来,生理学家们研究认为,秃顶男子具有众多的生理优势和特有的男性魅力,男性型秃发患者大可不必为自己光秃秃的脑袋而担忧、苦恼。

研究表明,秃顶患者大多雄激素分泌旺盛,旺盛的雄激素使他们精力充沛、生命力强,白发出现较迟,比同龄的老年人显得年轻;他们的寿命也较长,与一般男子不可同日而语。国外一项报告说,连续 12 年监测 242 名 50—79 岁的秃顶男性,他们体内的雄激素平均含量高于一般男性,死亡率比不秃顶者低 48%。雄激素的分泌与体内胆固醇存在着负相关,秃顶患者雄激素含量高,其体内胆固醇含量则相对较低,患心血管疾病的可能性相应降低,这也是其长寿的原因之一。

旺盛的雄激素还能促进大脑右半球的高度发育,增强形象思维能力。秃顶男子大多博学多才,思维敏锐,他们多从事脑力劳动,其中学者、教授、音乐家、企业家、工程师不少。于是,秃顶成了博学之士的标志,他们光秃秃的脑袋,可以说是一种智慧的象征。而饱食终日、无所用心者,很少秃顶。较之男性性功能低下者,如古时宦官、太监从不秃顶,秃发患者应具有欣慰的一面。

男性秃顶也可能是人类进化的必然趋势,日本专家认为,数百年之后,绝大多数的男性都会秃顶。到那个时候,头上长满头发的人也许会被人笑话呢。

男子秃顶,安知非福?

152. 男性型秃发与雄激素有关系吗?

"高额""谢顶"的秃发形式极少见于女性的事实,使人们长期设想,性激素或许与秃发的发生有关,对此,医学家早就作了观察并论断。公元前400多年,古希腊医学之父希波克拉底在他的经典著作中有过一条医学格言:"无睾症即使在患痛风时亦没有秃头现象。"1949年,美国一著名解剖学家发现,人类前额发际部在幼儿期均带圆形倾向,无性别上的差异,以后随着年龄的增长,虽在女性未发现明显变化,可大多数男性其前额发际部较学龄前向顶部渐稀疏,呈现未成年前秃顶的初期症状,往后部分人发展为青年、壮年秃发。

从成年男性秃发及从无睾症、男性性功能低下者始终没有脱发等的观察中,人们加强了对雄激素与男性型秃发关系的研究,并有了很大的进展。一般认为,男性型秃发是多种原因作用的结果,尤其与雄激素的关系十分密切。

153. 男性型秃发患者血清雄激素水平高吗?

雄激素作为固醇类化合物,男性主要来自睾丸,少量由肾上腺皮质合成;女性主要由肾上腺皮质合成,卵巢也分泌少量。

体内雄激素乃由胆固醇合成孕烯醇酮,再由各种酶的作用转变为脱氢表雄酮(DHDA)和雄烯二酮,最后形成睾酮。在血清中,睾酮(总睾酮)是以游离的和与性激素结合球蛋白(SHBG)相结合的两种形式存在,后者无生物活性。正常生理状态下,雄激素对头发生长有明显的抑制作用。有人对健康男性顶、枕部生长期毛囊细胞做传代培养,观察其生长状况,发现睾酮等雄激素的浓度为30微克/升时即可抑制毛囊细胞的生长;随浓度增加,抑制作用也增强。而高浓度的雌二醇(雌激素)则明显促进毛囊细胞生长。有人还从正常人头皮中分离出完整毛囊,进行体外毛囊器官培养,发现与体内相似的血浆睾酮浓度(50微克/升)就能抑制毛发生长。

雌激素促进毛发生长,雄激素抑制毛发生长,是否因此而断言,男性型秃发者雄激素水平一定较高呢?就此,很多人做了测定调查。

有人测定血清中的雄激素即循环血流中的雄激素,结果显示,男性型秃发患者呈水平增高的情况。据调查,一些男性秃发患者脱氢表雄酮明显增高,并认为由于其增加通过抑制6-磷酸葡萄糖脱氢酶活性,过早终止毛囊生长期而引起秃发。有人检查125名女患者,发现各种水平的雄激素如血清总睾酮、游离睾酮、脱氢表雄酮、二氢睾酮均有异常,而与性激素结合球蛋白(SHBG)结合形式的雄激素显示降低,特别是弥漫型脱发患者SHBG明显下降。由于SHBG下降,具有活性的游离睾酮水平却相应地增加了。另有人调查50例女患者,其中4.09%雄激素正常,29.5%二氢睾酮增加。但不少测定结果表明,与正常人比较,大多数的男性及女性患者血清雄激素均在正常范围,其血清总睾酮、游离睾酮、脱氢表雄酮、二氢睾酮及雄烯二酮等雄激素代谢产物均无增加。所以不能理解为男性型秃发患者血清雄激素水平一定较高。

154. 男性型秃发与脱发区雄激素代谢有关吗?

前面谈过,男性型秃发患者血清雄激素水平可在正常范围。学者们又发现,"高额""谢顶"这种秃发的发生,是与雄激素代谢有关的酶在秃发区的活性高于非秃发区有关。

血清中睾酮、雄烯二酮、脱氢表雄酮均可进入皮肤组织,睾酮在 5α-还原酶作用下转变为活性更高的二氢睾酮;脱氢表雄酮和雄烯二酮还要经 17β-羟类固醇脱氢酶作用才能转变为二氢睾酮,后者再经 3α-羟类固醇脱氢酶作用转变为 3α-雄烷二醇。有人通过测定二氢睾酮形成的量以观察 5α-还原酶的活性,发现该酶在秃发区活性增加。通过测定 3α-雄烷二醇和 3β-雄烷二醇形成量观察 3α-、3β-羟类固醇氧还原酶,发现此酶活性在秃发区高于非秃发区。另外,通过测定雄烷二酮的量以观察 17β-羟类固醇氧还原酶,发现雄烷二酮的形成在非秃发区明显高于秃发区。

这些数据表明,在非秃发区以雄激素的分解代谢为主,在秃发区则以睾酮转变为活性更强的雄激素为主。也就是说,在男性型秃发患者的额、颞、顶部具有某种与雄激素代谢有关的酶,这种酶的活性比其他非秃发部位高,以至于这些部位的睾酮转变为活性更强的二氢睾酮。这种雄激素直接或间接地对毛囊周围组织激惹起各种变化,造成生长期毛囊萎缩、变小,生长期缩短、毛囊小型化,有的完全停止长发。

155. 年龄因素对雄激素的敏感性有关吗?

由于年龄的不同,人生各阶段对激素激惹的反应亦有所差别。1942年一位学者首次把年龄作为男性型秃发的致病因素,他发现切除睾丸的青年男性,接受激素治疗数年,才出现与一般同龄人程度类似的秃发;而60岁以上的去睾者仅需数月即可出现类似于一般60岁人的秃发。这表明,随着年龄的增长,人体对雄激素的敏感性增加了。正常的老年男性,休止期毛囊 5α-还原酶活性比生长期强 3～8 倍,所以随年龄增长,休止期毛囊数目增加,易受雄激素影响而秃发。

156. 女性男性型秃发与雄激素有关吗?

国外学者认为,职业妇女血液中所含的雄激素,常常比家庭妇女多。正如险情会使人体内充满肾上腺素一样,竞争性的职业压力也会使人体血液中的雄激素增加,这种雄激素与情绪激动、精神压力有关,而雄激素太多,会引起女性发生整个头发变稀的男性脱发;精神压力会影响到毛囊、肌肉、神经和皮肤,使向毛囊输送给养的微毛细血管发生收缩,这样就限制了抵达头发的氧和营养物的数量,在长期持续不断的精神压力下,立毛肌的收缩及供应氧和营养物的血管的收缩将会引起脱发。精神压力也会影响皮脂腺，使皮脂腺增加油脂分泌。

更年期女性激素平衡发生紊乱，毛囊接收着来自激素混乱而致相互矛盾的信号。许多女性随着卵巢功能的逐渐停止，激素平衡暂时转为雄激素较多，而引起一种类似男性型秃发的头发脱落；更年期越短，脱发越快。比如说，更年期在两三年内结束，会发现脱发较快，而更年期持续10年或更长，则脱发的进程将会比较缓慢。

157. 雄激素对秃发区皮脂腺、毛囊细胞有何影响？

雄激素是皮脂腺发育的关键，一些试验观察证明，每天只要注射5毫克甲睾酮，就足以使一部分接近青春期少年的皮脂腺在1周内明显增大。雄激素只有用大剂量时才能抑制皮脂分泌，在雌激素和雄激素之间，不呈现对于皮脂腺分泌方面的对立关系，即使体内有足够量的雌激素，注射小剂量的雄激素也能维持皮脂腺的增大，所以皮脂腺的分泌控制完全依赖于雄激素的刺激。

有人从秃发区和非秃发区分离皮脂，制成匀浆，以测定雄激素结合力，发现皮脂腺中存在着特异的与雄激素特别是二氢睾酮结合的蛋白质，在秃发区中的活性和容量都高于有发区，这些足以说明，雄激素对秃发区皮脂腺、毛囊细胞的影响。

158. 男性型秃发与皮脂分泌有何关系？

男性型秃发患者多伴有皮脂溢出过多，习惯称为脂溢性秃发，而"脂溢"则是由皮脂腺分泌过多的皮脂造成的。

皮脂腺分泌皮脂要通过毛囊,若皮脂分泌增多,积聚过量,可直接造成毛发根部的机械压迫,影响毛发生长,导致毛发脱落;皮脂分泌过多,影响了毛囊口表皮的正常生长,使毛囊口角化过度,形成栓塞,影响毛囊的营养,毛囊逐渐萎缩、毁坏,形成脱发。另外,过多的皮脂及皮脂分解产物如油酸、亚油酸和角鲨烯等物质过量,对毛发生长也会造成不良影响。动物实验中发现,用皮脂和它所含的上述 3 种不饱和脂肪酸涂抹时,都有较强的脱毛作用。

在研究中,人们将局部分泌的皮脂分级为干性、油性和中性三种。干性皮脂者,皮肤干燥,餐巾纸拭擦前额皮肤不见浸油,毛发干枯、蓬松;油性皮肤者,皮肤油腻、光亮,餐巾纸拭擦前额皮肤后,明显浸油,毛发多油,易黏结成束;中性则介于干性、油性之间。在男性型秃发患病率与皮脂分级关系中,中性皮肤患病率最低,干性和油性皮肤患病率较高,依次为 23.7%、30.2% 和 45.7%。干性皮肤患病率高,可能与年龄相关,年龄越大,皮肤越干燥;油性皮肤患病率最高,间接反映了患者某种代谢的紊乱。

不过,皮脂分泌多究竟是男性型秃发的诱发因素,还是继发于男性秃发的症状,尚需进一步验证。

159. 男性型秃发与遗传有关吗?

国外有学者说:"仔细选择您的祖先,以避免秃头。"这一语道出了男性型秃发与遗传之间的关系。一般认为,男性型秃发就是一种遗传性疾病。

男性型秃发发生率的高低及其严重程度,有显著的种族差异。秃发在白种人十分常见,有报道高加索人100%发病,蒙古族人较为少见,而在美国印第安人则更为稀罕。有人调查1000名白种人,患病率为73.8%;调查1726名日本人,患病率为71%;国内有人统计1766名汉族人,总发病率为30.2%。中国人男性型秃发率均低于白种人和日本人,但其中中、重度脱发患病率低于白种人,而与日本人近似。造成种族差异的原因,除由于易感基因携带率的差异外,与经济、文化、环境、食物结构不同也可能有一定关系。

前面谈过,雄激素在男性型秃发中起了主要角色的作用。然而,有人在注射雄激素治疗的无睾症及男性性功能低下患者中发现,一部分人可出现秃发,而另一部分人即使更大剂量也不发生秃发。于是进行了家系血统的调查,发现男性型秃发有明显的家族倾向。也就是说,雄激素水平再高,如果没有秃发的遗传因素,也不会发生男性型秃发。

有人采用配对病例对照研究法,发现病例组有阳性家庭史为59/99,健康组仅6/99。就是说99个病例中有男性型秃发家族史的59例,而健康对照组99人中只有6人家庭中有男性型秃发病例。有人调查1766名汉族男性,发现有家族史者患病率为63.9%,明显高于无家庭史者。另有研究表明,女性的男性型秃发第一代亲属中有54%男性及23%女性发生同样的秃发。双亲都有男性型秃发,他们的子女中所有儿子和一半的女儿容易有同一类的秃发。

男性型秃发的遗传方式，一般认为是常染色体显性遗传。有学者研究认为，早期秃发（男子 30 岁以前发生）的遗传方式是常染色体显性遗传，常有更明显的家族发病倾向；晚期秃发可能是多基因或多因素遗传，即几个基因与环境等因素相互作用。也有的学者认为，早期秃发是伴性遗传，在男性是常染色体显性遗传，在女性则为性遗传，后者往往携带致病基因，但不表现脱发症状。

160. 男性型秃发与文化程度、职业有关吗？

男性型秃发多见于文化程度较高及从事脑力劳动的人，故有学者认为其原因可能与职业有关。从事脑力劳动的人，日常户外活动少，身体锻炼机会少，睡眠少，精神压力大，中枢神经系统长期处于紧张状态，自主神经功能紊乱，皮肤血管神经功能失调，使头皮营养障碍，易导致秃发。

国内学者在 1766 名汉族男性中调查男性型秃发的发生情况，将文化程度分为小学、中学、中专、大学 4 级，发生男性型秃发的患病率分别为 23.7％、24.5％、36.6％、36.5％。可见随分级程度增高，患病率增加；职业分为体力劳动和脑力劳动两种，患病率分别为 19.2％和 38％，后者几乎比前者高 1 倍。

调查中还发现，男性型秃发患者中睡眠时间短的人较多，且睡眠质量差者（如失眠、易醒、多梦、次日疲倦、乏力）更突出。

161. 男性型秃发与胡须、眉毛浓密有关吗?

当今世人如此关心头发、眉毛和胡子,完全是出于美容的需要。无论男女,毛发的多少、分布部位和方式、颜色与质地,只要是与众不同,都会引起烦恼。其实,正常的标准是相对的,成年男子长胡子是正常的,在女子则属异常;在前胸和肢体长出又黑、又粗的体毛,在我国看来已属多毛症,但这在西方民族则可能是司空见惯的普遍现象。

胡须、眉毛、头发同属于人的体毛,头发、眉毛的生长不依赖雄激素的作用,在青春期以前可以充分发育到高峰。而人长胡子则和阴毛、腋毛一样是由于雄激素作用的结果,青年男性进入青春期后,第二性征开始表现出来,长胡须是第二性征的表现之一,40岁时达高峰,到老年又逐渐减少。

国外有人调查发现,胸毛越浓密,秃发发病率越高,病情越重。汉族人胸毛不明显。可汉族人中胡须浓密者发生秃发的病例较多,胡须密度与毛发密度成负相关。据调查,胡须由稀少到浓密,男性型秃发的患病率从19.5%上升到82.6%。

与胡须的情况相反,眉毛越浓,越不易秃发,其机制尚不明确。

162. 男性型秃发与病菌感染有关吗?

男性型脱发因常伴有脂溢外观及脂溢性皮炎症状,

而习用脂溢性秃发的病名。许多观察证实,在绝大部分脂溢性皮炎头皮损害中,有一种亲脂性、多形态的真菌,称为卵圆形糠秕孢子菌。这种菌能产生分裂血清三酰甘油为刺激性脂肪酸的酯酶,可影响表皮的再生,并致发炎而产生头皮屑以至脂溢性皮炎。同时还观察到,随着抗真菌治疗药物的应用,糠秕孢子菌数量减少以至消失,而脂溢性皮炎或头皮屑的症状也得到控制或消失。为此。目前认为卵形糠秕孢子菌是脂溢性皮炎和头皮屑的致病菌。

脂溢性皮炎的某些表现可能还与其他感染,如葡萄球菌、链球菌及痤疮棒状杆菌感染有关,它们大量存在于痂屑内,同时引起葡萄球菌性毛囊炎和湿疹样皮炎,发生散在的毛囊丘疹、脓疱,局部糜烂、渗液、浆痂、脓痂等,而使病情加重。

163. 怎样正确看待男性型秃发的治疗?

长期以来,为防治男性型秃发,人们试过许多难以想象的治疗方法:用焦油、汽油、鹅粪、公牛尿及由女性经血和猴粪配制的洗剂洗头,从山羊性腺提取的注射液注射,用电梳梳理头发及把头插到与真空泵相连的橡皮帽中,试图把难以生长的头发吸出来,但这其中未曾有一样是奏效的。

尽管男性型秃发的治疗甚难,但通过仔细做有关方面的检查,纠正可能存在的内分泌异常(如甲状腺功能低下)、贫血、代谢紊乱等及治疗伴发的皮脂溢出症、头皮屑、脂溢性皮炎等,则是对治疗有必要、有帮助的。对于那些有秃发倾向的人，或属于病情分期中Ⅰ、Ⅱ期的轻症患者，通过长期耐心的综合治疗，可使症状减轻。特别是那些有明显皮脂溢症状，即使是晚期秃发的患者也可望有控制症状、减少秃发的效果。

遗传因素明显的早秃似乎终归无法制止，就科学现状而言，尚无任何办法能够永久地制止或治愈这种脱发，承认这一事实是至关重要的。轻信江湖庸医"根治的秘方、验方"，只会导致金钱和时间的浪费。

对于男性型秃发者，头皮移植手术是一种有效办法，这项技术已经历了长时间的验证。不过，在头皮上进行较大范围的整形外科手术，应慎行。

科学家们正在检测、发明那些对皮肤组织细胞生长起到刺激作用，使退化的细胞起死回生的药物，将给治疗秃顶带来希望；而一旦找到治疗秃顶的遗传因子，男性型秃发也能得到彻底根治。

现在，我们作为似乎无药可治的秃发患者，不妨用莎士比亚的话"男人耗光了头发，而用头发换来的是智慧"或以"繁华的街道不长草，聪明的脑袋不长毛"来聊以自慰。

164. 男性型秃发可用哪些西药内服治疗？

治疗男性型秃发常用药物包括内服各种维生素（如维生素 B_2、维生素 B_6）和谷维素、胱氨酸等，并根据病情分期、表现，服用异维 A 酸、螺内酯等治疗。

165. 异维 A 酸对治疗男性型秃发是否有效？

近年来，国内外先后报道异维 A 酸治疗严重痤疮的突出疗效，证实本药具有明显抑制皮脂腺分泌的作用，这对痤疮的症状改善、消退起重要作用，且半数以上患者在停药后 2～4 个月，皮脂腺活动恢复至正常，少数患者的皮脂腺活动抑制持续达 1 年之久。

我们将上海第六制药厂生产的异维 A 酸用于治疗 15 例男性脂溢性秃发患者，取得满意效果。患者除 1 例 51 岁，其余均在 23—41 岁，病情最长 20 年，最短 1 年；14 例为"油秃"，1 例为"糠秕状秃"。病例均有不同程度头皮瘙痒，日脱发数十根至百余根，额、顶部头发稀疏、细软。治疗中异维 A 酸剂量为每日每千克体重 0.3～0.5 毫克。具体用法是每次 10 毫克，每日 2 次，饭后服，连服 4 天，停药 2 天；气温稍高时则每次 10 毫克，每日 3 次，连服 3 天，停服 2 天。5～6 天为一周期，如此循环，观察 3 个月。治疗中加服首乌片及维生素 B_2。

15 例中，显效 10 例，表现为能有效地控制皮脂过量分泌和不正常脱发，使头发基本不脱，有细发变粗、变硬、长密的感觉；5 例有效，表现为能控制皮脂过量分泌，使不正常脱发有所减轻，每天脱落在 30 根以内（洗发时计数脱落的头发数）。用药的病例基本上均于用药的第 1 周期（有的 2～3 天），即见皮脂腺分泌明显减少，2 个月以后脱发程度减轻，其中 10 例渐转为正常，糠秕状秃发患者脱屑明显减少。所有病例均于用药第 1 周期内瘙痒减轻或消失。

用药后的不良反应主要表现为唇干燥、唇裂、唇炎，个别人可见面部皮肤红斑、灼裂、脱屑，鼻黏膜、外耳道黏膜灼热感，经护肤膏、防裂膏等对症处理很快减轻，不影响继续用药治疗；同时，在继续用药中这些不良反应似乎不再出现。另外有 2 例分别于用药第 2 天、半个月后出现头痛、恶心等症状，停止用药。

异维 A 酸的绝对禁忌证是怀孕，故在治疗期可能怀孕或已怀孕的女性，应停药。另有胰腺炎、冠状动脉疾病或肝炎病史的患者，用异维 A 酸时需采取相应的预防措施和仔细监视。同时根据治疗情况掌握异维 A 酸用量，若用量较大而过度抑制皮脂分泌，也会使毛发枯槁，以致脱落。

166. 螺内酯为什么能治疗男性型秃发？

雄激素与男性型秃发的关系已如前述。螺内酯作为抗雄激素剂，能阻碍雄激素（如二氢睾酮等）作用于局部毛囊组织。抗雄激素药物主要是对雄激素受体的酶系统起竞争抑制作用，并阻碍细胞核二氢睾酮-蛋白质-染色质复合体的形成。

螺内酯是一种合成的利尿药，其结构与醛固酮相似，可作为抗雄激素剂阻碍雄激素作用于其受体，抑制局部二氢睾酮的形成，近十多年用之于治疗脂溢性秃发，显效率可达 42%～64%。具体用法是：每日口服螺内酯 40～60 毫克，连续治疗 1～6 个月。不良反应方面，可有个别男性性欲减退或男性乳房女性化，但停药后即可恢复正常,不良反应的发生与药物的剂量大小有关,故用药中应注意剂量与疗程,可小剂量间歇给药。螺内酯作为抗雄激素药,可能影响胎儿性腺发育与性分化,故孕妇最好不用。

167. 用雌激素治疗男性型秃发是否有效?

足量的雌激素通过注射或局部施用,能够促使男子的头发生长。然而,足量的雌激素可使男性发生乳房膨胀、性欲减退、体力减弱、体毛减少、嗓音改变、胡须生长受抑制等不良反应,令人不堪忍受。

当然,有时局部使用一种适当浓度的很弱的雌激素,可以渗入毛囊基部,而不产生全身性的影响,可望在部分患者中扭转头发脱落,并使头发恢复生长。但是,当激素治疗停止时,身体就会恢复到治疗前的状况,秃发会更多。

168. 哪些中药方能治疗男性型秃发?

中医学认为,男性型秃发是由湿热侵袭于肌肤,使营卫失调,腠理不固,脉络瘀阻,精血生化不利,或为血亏肾虚,肝郁气滞,气血有热,阴虚内热,从而影响毛发生长所致。

男性型秃发可选用如下方药。

(1)凉血消风汤加减

【配料】 生地黄、白茅根、生石膏各 30 克,玄参、知母、牛蒡子、荆芥、防风各 9 克,白芍 12 克,甘草 6 克,升麻 3 克,金银花 15 克,侧柏叶 10 克。

【制作与用法】 上药水煎取汁,每日1剂,分2次服。

【功效】 清热、凉血、祛风。

(2)养血祛风汤加减

【配料】 生地黄、熟地黄各15克,女贞子、枸杞子、何首乌各12克,当归、川芎、白芍、荆芥、防风、黄柏各9克,甘草6克。

【制作与用法】 水煎取汁,每日1剂,分2次服。

【功效】 疏肝理气、活血化瘀。

(3)草薢胜湿汤加减

【配料】 草薢30克,赤石脂15克,五味子、黄芩、栀子、苍术、白术、茯苓、泽泻、陈皮各10克,甘草6克。

【制作与用法】 水煎取汁,每日1剂,分2次服。

【功效】 清热、利湿、健脾。

(4)疏肝活血汤加减

【配料】 柴胡、黄芩、薄荷、栀子、当归尾、红花、莪术、陈皮各9克,木瓜、丹参、女贞子各12克。

【制作与用法】 水煎取汁,每日1剂,分2次服。

【功效】 疏肝理气、活血化瘀。

(5)祛湿健发汤加减

【配料】 炒白术、泽泻、猪苓、白鲜皮各12克,生地黄、何首乌、赤石脂、苍术各10克,羌活、川芎各6克,山楂、虎杖各15克。

【制作与用法】 上药水煎取汁,每日1剂,分2次服。

【功效】 健脾、利湿、清热。

169. 哪些单方验方能治疗脂溢性秃发？

下列单方验方对脂溢性秃发有良好疗效。

（1）滋发汤：羌活、白蒺藜、生地黄、白鲜皮、地肤子、野菊花、黑芝麻、何首乌各 15 克，牡丹皮、赤白芍各 12 克，水煎服。便秘者加柏子仁 15 克；失眠者加炒枣仁 28 克；头晕加枸杞子 12 克；若头顶部痒甚者用松针 30 克水煎外洗。

（2）炒白术、茯苓、山楂、生地黄、何首乌、女贞子、墨旱莲、白鲜皮各 12 克，薏苡仁 30 克，泽泻、木瓜、连翘各 9 克，水煎服。

（3）生地黄、当归、白蒺藜各 12 克，荆芥、蝉蜕、羌活、苦参各 6 克，五味子、女贞子、墨旱莲各 10 克，水煎服。

（4）木瓜、当归、羌活各 10 克，白芍、何首乌、天麻、甘草各 15 克，墨旱莲 30 克，生地黄、熟地黄、菟丝子、茯苓各 12 克，水煎服。

（5）生地黄、熟地黄、侧柏叶各 15 克，当归、黑芝麻各 20 克，首乌 25 克，水煎服。

（6）女贞子、首乌各 30 克，桑椹、生地黄各 15 克，菟丝子、党参、枣皮、骨碎补各 9 克，淮山药、甘草、茯神、当归、粉丹、泽泻、墨旱莲各 12 克，水煎服。

（7）首乌 40 克，补骨脂 5 克，菟丝子、怀牛膝、枸杞子、茯苓各 10 克，水煎服。

（8）生石膏、生山楂、桑白皮各 15 克，白蒺藜、枇杷叶、白芍、生侧柏叶、墨旱莲、首乌各 12 克，龙胆草 6 克，白鲜皮、茯苓各 10 克，水煎服。

(9)当归、熟地黄、制首乌、巴戟天、肉苁蓉、女贞子、桑椹各 12 克，羌活、荆芥各 10 克，水煎服。

(10)马齿苋、生地黄、茵陈、夜交藤、桑椹各 30 克，菟丝子、当归各 12 克，白鲜皮、首乌各 20 克，水煎服。

(11)生发汤：木瓜 9 克，墨旱莲 30 克，茯苓、菟丝子、生熟地黄各 12 克，当归、何首乌、天麻、白芍各 15 克，羌活 10 克，甘草 16 克，水煎服。风湿蕴肤者木瓜、首乌改为 30 克，加刺蒺藜、白鲜皮各 15 克；肝部不适者白芍改 10 克，加赤芍、龙胆草、柴胡；肝肾阴虚者何首乌改 30 克，加桑椹、龟甲各 15 克，女贞子 12 克；肾阳虚加黄芪、淫羊藿、山药。获疗效后改用生发膏或丸，由何首乌、天麻、黑芝麻、核桃仁、党参、墨旱莲、白芍各等份加蜜适量制成。

(12)脱发再生散：生地黄、侧柏叶、丹参、五味子、女贞子、杭白芍、全当归各 20 克，何首乌 300 克，红花、川芎、川羌活、熟地黄各 100 克，共研细末，过筛备用，每次服 30 克，每日 2 次。加生发水外用（见外用药剂）。

(13)何首乌 20 克，川芎 8 克，核桃 30 克，丹参、墨旱莲各 12 克，女贞子、生地黄、白芍各 15 克，水煎服。另用鸡矢藤、鲜柳枝各 50 克，墨旱莲 30 克。头皮痒、头屑多者加苦参 50 克；头脂分泌重、油垢多者加黄柏、生地黄榆各 30 克。水煎外洗，每天 1 剂，早、晚各 1 次。

(14)制首乌 20～30 克，生地黄、菟丝子各 15～20 克，当归、天麻各 10 克，白芍 15 克，川芎 6 克，蛇蜕（或蝉蜕）8 克。头皮刺痒重者加百部、地肤子、白鲜皮各 10～15 克；头皮屑多者加白蒺藜 15～20 克；阴虚、内热重者加牡丹皮 8 克，地骨皮 12 克，女贞子 10～15 克，墨旱莲 10

克。水煎 2 次药液内服,第 3 次煎液外洗,每日 1 剂。

(15)山楂 6 克,水煎当茶饮。

(16)生代赭石(研末)120 克,每次服 3 克,每日 2 次。

(17)白茯苓研细末,每次服 10 克,每日 3 次,连服 2 个月。

170. 哪些中成药能治疗脂溢性秃发?

下列中成药对脂溢性秃发有效。

(1)养血生发胶囊:每服 4 丸,每日 2 次。

(2)六味地黄丸:每服 6 克,每日 3 次。

(3)祛风换肌丸:每服 6 克,每日 3 次。

(4)龙胆泻肝丸:每服 6 克,每日 2～3 次。

171. 哪些外用药可用于治疗男性型秃发?

外用药治疗作为男性型秃发综合治疗的一部分,对于改善血循环、促进毛发生长有一定的作用。常用的方药有以下几种。

(1)米诺地尔(敏乐定)溶液:米诺地尔原本用于治疗高血压,但据观察 70% 为治疗高血压而服用这种药的患者,却出乎意料地长出了新发。另外,把此药配成 2% 的溶液称"涂得灵"作为外用药,能改善皮肤供血量,刺激皮肤组织细胞生长,延长上皮细胞存活时间,使毛囊周围淋巴细胞浸润消失,使退化的细胞起死回生,促进毛发生长。

多年来对各种秃顶和头发稀少的人试用的结果表明,米诺地尔虽然效果有限,但却给秃发治疗带来希望。

并非对每个人都有效。该药最好是在刚开始脱发时涂用,而一经使用,就需终身用下去,若停止使用,几个月内头发就会变稀。

国内有人将之配成"生发水":米诺地尔 3 克研细末,70％乙醇 100 毫升,二甲亚砜 50 毫升,混合装瓶备用。使用时先用温水清洗脱发区,将药液摇匀,用生姜切面蘸药液在脱发区反复涂搽,每日 3～4 次,每次 30～60 分钟。有配成复方米诺地尔(米诺地尔 1％,氮酮 2％)外用,每日 2 次。

(2)硫化硒洗剂:主要成分为硫化硒、十二烷基硫酸钠、硼砂、硬脂酸等,配成 2.5％硫化硒洗剂,每周洗头 2 次,每次 15 毫升。具体方法:先用普通香皂将油污的毛发洗净,冲洗后,在毛发湿润的状态下,涂以此药,轻轻揉出泡沫,并停留在头上 3 分钟,然后用温水冲洗擦干。本品可降低皮脂中脂肪酸含量,还有杀真菌、寄生虫及抑制细菌等作用,除了止痒、减少脱屑的疗效外,对炎症性皮肤损害的疗效也较高。

国外应用此剂已有 40 多年的历史,至今仍有一定实用价值。硫化硒洗剂美国商品为 Selsun Supation,国内商品名为"希尔生",香港商品名为"潇洒混悬液"。

(3)酮康唑洗剂:1987 年第 17 届世界皮肤科学会上确认卵圆形糠秕孢子菌与头皮屑、脂溢性皮炎的成因密切相关,1990 年美国权威机构 FDA(食品及药物监督管理局)正式批准酮康唑洗剂用于治疗头皮屑病。1992 年第 18 届世界皮肤科学会上报道了诸多药物中,酮康唑抗糠秕孢子菌的活力最强。

国内研究表明，2％酮康唑洗剂（采乐2％洗剂）用于防治头皮屑、脂溢性皮炎疗效满意。具体用法：将头发润湿，取5毫升洗剂涂在头发尤其是发根上，揉搓、按摩并保留3～5分钟后，用清水冲洗干净。每周洗2次，症状减轻后，可减少洗发次数。作为一种安全、有效的药物香波，采乐洗剂可与其他适合的非药物香波交替使用。

（4）脂肪酸生发剂：据报道，日本最近研制出一种十五烷酸甘油酯，对促进头发生长有良效。研究认为，人体毛发生长是由三磷酸腺苷（ATP）直接供给能量的，十五烷酸甘油酯涂抹头发，会促使头发基部的ATP急骤增加，不仅能维持毛发生长，而且能促进毛发再生。经253名患者验证，有效率为72.4％。

（5）章光101毛发再生精：脂溢性秃发早期头屑多、头皮痒、油腻发光，脱发刚开始时，可先用“102防秃灵”，每日1～2次，控制后“防脱”与“再生”并进，每日用“102”和“101”各1次，局部涂抹，一般3～6个月后可显疗效。

章氏指出，“101毛发再生精”不是万能药，其对男性型秃发中头皮光滑发亮的晚期脂溢性秃发和某些早秃没有多大疗效。

“101毛发再生精”具体用药方法：要求搽药到头皮根部，每日1～2次，用药期间要减少洗头次数，以延长药物在头皮上保留时间。

（6）养发生发宝：由首乌、红花、虫草等组成，外用洗头，方法是用本品10克左右搽于头上，揉搓5～10分钟，用清水冲净即可，每2天1次。

172. 怎样自制生发药水治疗男性型秃发？

（1）地黄合姜汁

【配料】 生姜汁100毫升,生地黄汁100毫升。

【制作与用法】

①将生姜洗净榨汁,生地黄切碎榨汁。

②将两种汁各取100毫升混合均匀即成。

③于晚上睡觉时,涂在脱发处,连续涂搽10日,便有生发良效。

【功效】 生发、长发。适用于局部脱发严重者。

（2）木牛河车汁

【配料】 木贼草、牛蒡子、草河车各30克。

【制作与用法】

①将3味药放入锅里,加进清水3000毫升,中火煎汁30分钟即可,待温。

②取药汁洗头,每周2次。

【功效】 祛脂生发。适用于脂溢性脱发。

（3）百蛇酒

【配料】 百部90克,蛇床子60克,白酒360毫升。

【制作与用法】

①将百部、蛇床子切碎,浸泡于白酒中。

②密封1周后,取汁外搽患处,每日数次。

【功效】 杀虫生发。适用于脂溢性脱发者。

（4）荆艾薄荷洗液

【配料】 荆芥30克,艾叶15克,薄荷9克。

【制作与用法】

①将荆芥入锅加适量水以大火烧沸后煎煮 10 分钟，加入艾叶、薄荷继续煎煮 20 分钟。

②去渣留汁液，待温，用此来洗头，每日 1 剂。

【功效】 养血祛风、生发固发。适用于非正常脱发。

（5）五味火麻仁洗液

【配料】 菊花、侧柏叶、川芎、细辛、火麻仁各 15 克。

【制作与用法】

①将上 5 味药碾碎，入锅加约 1000 毫升水，煮沸 10 分钟，去渣留汁。

②将药汁倒入盆内，待温后用以洗发。隔日 1 次，每次洗半小时。浴后可配合按摩。

【功效】 养发、生发。适用于头发稀疏、脱发等。

（6）桐叶火麻仁洗液

【配料】 白桐叶、火麻仁各 50 克。

【制作与用法】

①将白桐叶和火麻仁碾碎，加水约 1000 毫升煮沸，滤去药渣，留取药汁。

②将药汁倒入盆内，待温时洗发。

③隔日 1 剂，每次洗半小时，浴后可配合按摩。

【功效】 养发、生发。

（7）乌鸡热血方

【配料】 乌鸡热血适量。

【制作与用法】

①将乌鸡宰杀后，取血即可。

②剃洗头部后，将乌鸡血趁热涂于患处。

【功效】 祛风、活血、通络、生发。适用于燥痒疥癣、头皮瘙痒、头发斑秃等。

(8)酸黑豆汁

【配料】　黑豆、米醋各适量。

【制作与用法】

①将黑大豆拣去杂质后,浸泡于米醋中过1～2夜。

②将黑大豆米醋倒入锅中,加热煮熟,过滤去渣取汁。

③用文火将汁液进行浓缩,煎至汁稠厚即可。

④使用时,先将头发洗干净,干燥后,以汁涂于发上。

【功效】　乌须黑发,使头发漆色光亮。适用于毛发枯黄、灰白无泽者。

(9)猪胆汁液

【配料】　猪胆1个。

【制作与用法】　取猪胆汁倾入温水中,用以洗头半小时。

【功效】　清热祛风、润发生辉、乌发如漆。

(10)防脱生发灵

【配料】　大黄800克,苦参、黄芪、何首乌各400克,75%乙醇10升。

【制作与用法】

①将上药浸泡1周过滤沉淀。

②取上清液20毫升加热水40～60毫升稀释,淋在头皮及发根上,用手轻轻拍打,2～3分钟后擦干即可,3～5天用药一次。

③头发稀疏或秃顶者,把药液直接搽于脱发处,用手指轻轻叩击5～10分钟,每日1～2次。一般用100～200

毫升(或 1～2 周)后即生效;用 300～500 毫升(5～6 周)后生发明显。总有效率 96％。

【功效】　乌发、生发。适用于头发稀疏、脱发等。

173. 为什么生发药物对有些人无效?

以前人们用生姜、大蒜搓头皮,用鹅粪、猴粪、公牛尿洗头或服首乌冲剂等来生发,后来各种促使毛发再生的生发精、生发药品相继问世,近来美国医生根据针灸理论发明用脉冲电场刺激毛发再生源——"干细胞"区域,给秃发者带来又一"福音"。但不少患者有一共同的疑惑:为什么很多生发良方妙法却难以解除自己的脱发之苦?

对这个问题,专家们认为,无论是先进的物理疗法,还是各种防治秃发的中西医药,都必须在毛发干细胞存在且能发挥作用的先决条件下,才能见效。即所谓"皮之不存、毛将焉附",这是很浅显的道理。而患者要想检测毛囊或干细胞是否存在,必须要切块头皮,做个病理切片检查。这在国内少有开展,故秃发者中有相当一部分毛囊缺损、毁坏者不能明确诊断、对症下药,使他们一直无法解除苦恼。

可有些毛囊尚存且有生发"物质基础"的脱发者,为何也并无满意的疗效呢? 这是由于控制生发的原因很多,机制复杂,每个人秃发的原因也有差异,如遗传、疾病、情绪、饮食、环境、年龄、脱发时间长短等因素都可影响到生发效果。

生发的方法很多,哪种最好,并不是绝对的,患者必须根据自己的病情、症状,由医生指导选用适合的药物,不要陷入盲目迷信江湖庸医的"秘方""验方"及某种疗法的误区。

174. 什么是头皮缝缩术?

头皮缝缩术也叫头皮缩减术,主要用于治疗男性型秃发,也可用于治疗先天性头皮发育不良、皮脂腺痣、瘢痕性秃发及回状颅皮等。方法是把秃发的头皮切除后再缝合,以减少秃发的面积。在切除秃发头皮的皮条后,在邻近长有头发头皮的深部做潜行分离,以减低张力,避免因缝合时拉得太紧,张力太大,影响局部血液循环,缝合后出现组织坏死。术中止血非常重要,结扎压迫止血常不满意,可用热凝刀凝固止血或用激光刀。头皮缝合要用 U 形钉固定。因本病秃发面积常较大,仅一次手术达不到要求,可在第 1 次手术 3～6 个月后,由于头皮又恢复了松弛性,再行第 2 或第 3 次手术。

175. 什么是头皮扩张术?

男性型秃发患者的秃发面积较大,而供发头皮较少时,可应用头皮扩张术来治疗。方法是先在供发区头皮皮下埋入扩张器,每周 2 次灌入生理盐水,逐渐扩张供发区头皮。6 周后,切除秃发区头皮,将已扩张的带发头皮做皮瓣或于皮下适当潜行分离后进行缝合。

176. 什么是毛发钻孔移植?

毛发钻孔移植是通过移植带有头发的小皮块来进行的,适用于男性型秃发、瘢痕性秃发、热及化学烧伤后头皮上的瘢痕秃发、放射性损伤及头皮撕裂伤等。

如为男性型秃发，要先画好已和患者共同商议过的发线。然后选好接受移植的钻孔位置。移植发的布局应达到在美容上的最佳效果，同时还应考虑到随年龄增长可能发生的脱发。

供带发头皮部位一般均选择多发的后头部或耳上偏后处，因为这些部位是最不会秃发的。术前 24 小时内用热水肥皂充分洗头 2 次，去除头皮上的油脂、皮屑及灰尘等。先把供发处头发贴头皮剪去（不能剃刮），留下约 0.2 毫米长的发茬，以能辨认出头发生长的方向，便于钻取和随后移植时参考。局部常规消毒后，用 1%～2% 普鲁卡因或 0.25%～0.5% 利多卡因加适量肾上腺素局部麻醉。用直径 3 毫米的钻孔器来切取皮片。操作时要注意使钻孔器与毛发生长方向平行的角度钻入头皮，以免切断和损伤毛囊及毛球。在钻取供发区皮片时，必须在钻孔和钻孔间留出充分的间距，以防止留下来的头皮发生缺血性坏死。钻孔的深度约达帽状腱膜上面的皮下脂肪层。钻切的皮柱应完整地取出，如果不容易取出时，可用小弯剪将下方连接处小心剪断，皮柱置于无菌生理盐水中以备移植用。钻孔处止血后无菌敷料包扎。

接受移植区也像供皮区手术一样，术前 24 小时内用热水肥皂洗头 2 次。经常规消毒和局部麻醉后，用同样大小的钻孔器钻洞以钻除相应的组织。要注意洞与洞间留有一定的间隔，这样才能保存充足的供血通道，以利新移植的皮片成活。打洞时也应按该处头发未脱落前的自然生长方向，与皮面形成一定角度钻孔，以适合接受所移植来的斜面形的皮柱。洞的深度也必须足够容纳该皮柱,而不能使移植体在愈合后高出皮面而影响外观。再把移植皮柱放入受区的钻洞之前,要用生理盐水反复冲洗,仔细地修剪过多的脂肪组织,但不能去掉或损伤任何真皮及毛乳头和毛球毛囊等。按头发茬指示的方向放置,使前头部移植成活的头发均向前生长。整个植入过程完成后,再检查是否仍有出血,如仍有渗血,要充分止血后用无菌凡士林纱布及无菌纱布覆盖,然后适当加压包扎。术后必须口服或注射适当的抗生素5天,以防植株感染,提高成活率,减少瘢痕形成。移植的毛发于1个月内脱落,3个月后重新长出。

因为第1次移植时,在移植片之间需留有空隙,故不可能达到理想的密度。所以需要3～4次手术,才能把移植区填满。每次手术间隔约2个月。

177. 什么是陈缝切开、毛囊微株移植?

隙缝切开、毛囊微株移植术是在环钻整柱毛发移植基础上改进而成的一种新的移植方法。环钻整柱移植法由于移植的头皮组织过大,植株痕迹明显,植毛组织块毛细血管网重建及中央部获取血液供给时间较长,移植毛发的成活率有时不够满意。而且一旦组织块坏死后可致瘢痕形成,影响美容,因而此法虽已应用多年,但广泛开展受到限制。

隙缝切开、毛囊微株移植术最大的特点,是在受移植部位切开1个口子,不去掉任何组织。用皮肤环钻钻取圆柱状头皮组织后,再分为4个相等的更小的组织块,每块有 2～5 根毛发,直接植入切开的隙缝内。由于此法只是切开头皮,不去掉任何组织,毛细血管网受破坏很少,而移植的微毛囊株体积很小,可和植入处四周紧密接触,新生的毛细血管网可迅速重建,中心部位也可很快获得血液供养,故植后毛发成活率很高,坏死的机会很小。

由于组织破坏少,故移植的痕迹小,愈合后无植株瘢痕形成。

该法经国外近年来实践治疗男性型秃发,已经取得了很好的效果。此法的另一个特点是微毛囊组织株与单毛囊移植相结合,分次完成。前额发际约由 3 排移植成形,随后广泛切开,再做微毛组织株移植,逐渐变密,接近正常毛发密度,待头发长到一定长度时可达到最大理想效果。供发部位主要为枕部和耳后,如需要量多时,也可在颞部钻取。环钻钻取后的圆洞,可间断缝合。因头皮具有弹性,且供发部位仍留有大量未钻走的毛发,能起遮盖作用,一般看不到明显痕迹。

178. 隙缝切开、毛囊微株移植是怎样操作的?

术前先剪短头发,保留 2 毫米长的发茬,以便看清头发生长的方向。做好患者前额发际线及单株和微株移植的设计,可用亚甲蓝或甲紫按设计画线。一般单毛囊移植沿前额发际线有 3～4 排即可。单毛囊移植后即可大范围隙缝切开,做微毛株移植。其设计间距 3～4 毫米,行距约 4 毫米。各排以头顶为中心,略呈弯曲的弧形排列。每一次手术植入的数量,单毛囊移植应为 1～2 排,植入 100～150 个毛囊。菱形微毛株隙缝移植至少要钻取 30～40 处，分成 120～160 微株植入。视秃发面积大小，要达到满意的美容效果，1 个患者需做 2～4 次手术。单毛囊需植入共 300～500 个，微毛组织株共植入 400～600 株不等。第 2～4 次手术都是在第 1 次手术基础上加密植入或扩大移植范围。每次手术间隔 2～3 个月。

手术麻醉可用 1％普鲁卡因或 0.25％～0.5％利多卡因内加适量 0.1％肾上腺素进行局部浸润麻醉，必要时可加颈丛及眶上神经阻滞麻醉。少数移植范围较大者，可进行静脉复合麻醉并加适当的局麻。用直径 4.5 毫米的环钻，沿该处毛发生长方向钻取，深度约达帽状腱膜上的皮下脂肪层，完整地取出圆柱状毛囊组织放入无菌生理盐水中待分离。取材处压迫止血，然后间断缝合，再适当加压包扎。用眼科小组织剪先把组织块底部多余的脂肪组织剪掉，但要小心地保护毛囊、毛球和毛乳头组织，不能使其受到损伤。再将每个圆柱状组织块分成单毛囊或少数为双毛囊，数目多少视手术设计需要而定。另外将取出的圆柱状组织块十字剪开成 4 个小的菱形微组织株，用于隙缝切开移植。单或双毛囊及微菱形组织株分离后即可进行植入。麻醉后先用 18 号针头顺毛发自然生长方向及角度刺入头皮，保留约 15 分钟后取出针头，把已分离好的单毛囊和少部分双毛囊植入该针孔中，适当压迫止血。在大范围隙缝切开移植处，先用手术刀片以头顶为中心，顺头皮毛细血管网分布方向呈放射状切开，隙缝内塞入已浸泡在含 0.1％肾上腺素的生理盐水的小纱布条，用以止血和撑开切口，保留 15～30 分钟后取出,即可植入菱形微组织株。植入的组织株应顺毛发自然生长方向,与头皮夹角为 45°左右。整个植入过程完成后应充分止血,用灭菌凡士林纱布及干纱布覆盖,适当加压固定包扎。术后必须口服或注射适当的抗生素 5～7天,以防止感染,提高成活率。同时口服 1～2 种抗组胺药,以减轻组织水肿。

手术后 5～7 天拆线后暴露,任其自然生长。术后 1个月左右,从毛囊处开始长出新发。新生长毛发长到理想长度,需 8 个月左右。

七、先天性秃发的防治

先天性秃发在临床上较少见,除毛发脱落外,还常伴有其他先天异常,由于尚无有效治疗方法,故应予重视。

179. 先天性秃发是不是出生后就无头发?

先天性秃发是指由于先天因素使患者完全或部分无头发,或者头发发育不良、稀少,缺少正常头发所具有的长度、强度和色泽。

先天性秃发可发生在出生时,也可发生在出生后的一段时间内。有的患儿出生后即完全无头发,且眉毛、睫毛、体毛以至以后的腋毛、阴毛均无,是一种先天性全身脱毛症。有的生后无毛发,3 岁以后渐长出不规则扭曲状发,稀疏而纤细,干燥且质脆,长度不超过 10 厘米,到青春期后又逐渐脱落,特别在头顶和发际部更为明显,也可呈斑状脱落,眉毛、睫毛、毳毛均稀少或无,这是一种遗传性稀毛症。

有的病例出生后即有境界清楚的皮肤缺陷,好发于头皮中线,这种缺陷表现为椭圆形或环形的红色基底上的1～2厘米大小的水疱性损害,愈后遗留萎缩或增生性瘢痕,局部无毛发,这是一种先天性皮肤发育不良或称先天性皮肤缺陷病。有的病例出生后头皮多处局限性毛发稀少,周围头发细而短,呈淡茶色。

先天性秃发中不少病例并不是生后即秃发或生后即有毛发发育不良、稀少等症状。这些患者表现为出生后头发、眉毛、睫毛完全正常,但其中有的病例在婴儿期(1—6个月龄)即开始发生头发及眉毛逐渐无明显诱因的脱落。毛发颜色淡,头发细而短,有的脱发呈进行性发展,2岁时即完全脱光,残留的毛发黄、短、细、柔;随着头发、眉毛脱落,睫毛亦逐渐减少以至完全脱落;此后毛发一直稀少,甚至全无。有的病例至青春期可长出少数的胡须、腋毛、阴毛。有的病例则表现为婴儿期可正常,但随着年龄增大至青春期,头发即逐渐稀少,以至全脱光;眉毛亦如此,特别在眉外2/3部分,睫毛几乎没有;腋毛、阴毛亦很少或全无。

180. 先天性秃发除了秃发还有哪些表现?

先天性秃发可分为两种:一是单纯性毛发缺发,不伴有其他先天性疾病;另一种先天性秃发除头发脱落、毛发发育不良等表现外,还合并有其他先天性异常,如指(趾)

甲、牙齿、骨骼等的发育缺陷或畸形。

如一种称为遗传性外胚叶结构不良症的病除了无毛发外。还有无汗症及牙齿、骨骼的发育异常。一种称为脱发-癫痫-智力发育不全综合征的病,除了无毛发外,还伴有智力低下,并有癫痫发作,脑电图检查有异常。

鸟样头白内障综合征除了毛发稀少、色素减少外,同时,表现为鸟样头外观,颅骨前部和侧面凸出,颅缝裂开,下颌骨小而内陷,鼻尖小而薄,如鹰鼻样,小眼口唇小而薄,两耳贴附。牙发育不良,表现为稀疏、偏斜、缺牙、排列不整齐。先天性白内障为双眼完全性或部分性眼球小,高度近视、斜视等。其他有侏儒、身体矮小,但比较匀称,发育迟缓,驼背,锁骨畸形及骨质疏松等。

先天性皮肤发育不良症除秃发外,还伴有其他异常,如脑积水、气管、食管裂隙等。

软骨-毛发发育不良症除了毛发改变(如头发、眉睫毛均稀少、纤细)外,患者身体矮小,肢体短和软骨发育不全,与矮小症相似,但头的大小正常,表现多处骨骼异常。

毛发-鼻-指骨综合征除头发纤细、稀疏外,还表现指(趾)甲变薄,鼻呈楔样宽大,中指(趾)骨骺锥形改变等。

另一种早老症的综合征表现为生后头一年中未能正常发育,除了大面积秃发及缺少眉毛、睫毛为特征外,还有皮肤发皱,色素沉着及萎缩,甲片萎缩、变薄、大多数患者由于缺乏皮下脂肪而呈现过早衰老的外观,智力未受损。早老常由于冠心病、动脉硬化、偏瘫、心绞痛发作致死。

从这些病症可以看出,先天性秃发并非完全表现为秃发症状,除秃发外还有许多其他方面的异常或畸形存在。

181. 先天性秃发是如何发生的?

先天性秃发是一种遗传性疾病,遗传方式可为常染色体显性遗传、性遗传或不规则显性遗传。一般认为,表现为单纯性毛发缺乏者呈显性遗传;而作为综合征的形式,则有相当部分是由于先天缺陷造成或与遗传因素有关。

先天性、遗传性秃发症的发生可由毛发异常(如毛囊的发育不良、发育不全)引起,秃发处缺乏正常毛囊或见萎缩的毛囊索,皮脂腺亦小于正常。其发病可认为是由于原始上皮毛胚芽的发育缺陷所致。

先天性秃发有斑秃和全秃两种类型,全秃可作为一种独立症状,亦可和其他遗传缺陷伴发,尤以指(趾)甲、牙齿异常为多见,以综合征的形式表现,伴有毛周角化、大疱性表皮松解、汗腺及味觉的生理性缺陷。

先天性秃发作为一独立病症,常有明确的家庭史,如家庭中有多人发病的情况及母子、母女同发病,且秃发类型、开始秃发的时间大致相似。虽然男女均可发病,但男性多于女性。

182. 什么是三角形脱发?

三角形脱发是先天性局限性脱发的一种类型,又称先天性颞部脱发或先天性三角形脱发。

此种脱发通常为单侧性,偶可双侧。脱发区位于额骨与颞骨结合处附近,为三角形,境界清楚。脱发程度不一,可完全脱落。局部除脱发外,无瘢痕、萎缩等变化。无自觉症状,无自愈倾向,脱发持续终身。有亲兄弟均患此病的报道,但未能证明有遗传因素,曾考虑为额骨与颞骨连接过程异常。

组织病理检查有毛囊角蛋白栓,看不到成熟的毛,在真皮上层有毳毛状毛囊,真皮有较多角蛋白样物的囊泡。

应与三角形脱发相鉴别的疾病有斑秃、瘢痕性秃发、皮脂腺痣等。

目前对此病尚无有效治疗方法,为美容起见,可在局麻下切除秃发斑后缝合。

183. 先天性秃发如何防治?

先天性秃发尚无有效疗法。从美容角度出发,可行植毛术或戴假发。

有人对单纯型秃发者用甲状腺素、维生素 AD 等治疗,发现毛发稍有生长。

先天性秃发有些病例与近亲结婚有关,所以应注意避免近亲婚配,以防止先天性秃发及其他遗传性疾病的发生。

八、生理性脱发的防治

184. 婴幼儿暂时性脱发是怎么回事?

我国古代医书《黄帝内经·素问·上古天真论》中提

到：人初生时；五脏精气未充，筋骨未坚，神气不全。先天之精的作用主要在于内，故新生儿毛发大多疏少、细软、生长缓慢，这是正常现象。

每个初生婴儿头发的多少是有差别的，胎儿在母亲的子宫里发育到五六个月时，全身就有了一定浓度的胎毛，以后再逐渐脱落。如果胎毛脱落过多，出生时，头发就显得稀少，称为童秃。有的新生儿只留下眉弓、上唇及头顶的毛继续生长，变得粗壮些，但生后数月也脱掉。相反，极少数胎儿，胎毛不脱落，出生后不但头发浓密，全身的汗毛也像头发那样又浓又重，这就是"毛孩"现象。

童秃是暂时的现象，是发育中的正常变化，到1岁左右头发就会逐渐长出；2岁的时候，头发就和其他孩子一样浓密、乌黑。

早产儿及有些足月新生儿有时全身覆有纤细的胎毛，胎毛柔软，缺少色素，无髓质，生长潜力有限。而足月新生儿胎毛通常脱落，代之以毳毛；在头皮则由粗的、色素较深的终毛取而代之。

头发的生长在出生前通常是同步的，但受性别、胎龄和胎儿营养状况等的调节。大部分毛发处于生长期，数月以后许多毛发变成有髓质，且毛发的生长变得不同步。

一些地方有这样的习俗，婴儿满月要剃个"满月头"，把胎毛甚至连眉毛等全部剃光。认为这样做，将来孩子的头发、眉毛会长得又黑、又密、又漂亮。其实，头发长得快与慢、细与粗、多与少与剃不剃胎毛并无关系，而是与孩子的生长发育、营养状况及遗传等有关。婴儿皮肤薄、嫩，抵抗力弱，剃刮容易损伤皮肤，引起皮肤感染发炎，如细菌侵入头发根部,破坏了毛囊,不但头发长得不好,反而会弄巧成拙,导致脱发,因此"满月头"还是不剃为好。

对"童秃"的婴儿,应注意保护头发和头皮,勤洗头,保持头发清洁。洗头的时候,应选用婴儿肥皂,轻轻按摩头皮(但不要揉搓头发,防止它们纠缠到一起),再用清水冲洗干净。洗头时会有些头发脱落,这属正常现象,不必介意。梳发时,选用橡胶梳子,这种梳子有弹性,很柔软,不会损伤头皮。要顺着头发自然生长的方向梳理,不要强梳至一个方向。此外,充足和全面的营养,经常的室外活动,适当的阳光照射和新鲜空气,对婴儿身体全面发育及头发的生长有利。

有些婴儿出生时头发颇多,但几个月后,枕部头发逐渐脱落,出现"枕秃",而且还有多汗、烦躁等现象,除了因仰卧睡觉致压迫性脱发外,还应注意是否缺乏维生素和钙元素引起佝偻病的可能,应及时诊治。

185. 青少年的前额际脱发是男性型脱发吗?

1949年美国一位著名的解剖学家发现,人类前额发际部在幼儿期均带圆形倾向,无性别上的差异,以后随着年龄的增长,女性未发现明显的变化,而大多数男性前额发际部较学龄期间向头顶部渐渐稀疏,呈现成年前初期秃顶的症状。

据统计,几乎80%男性均可出现前额和两额部发际变高,显得额高、额宽,但他们在以后的长时间里并未见异常脱发。直至中老年以后,才开始发生衰老性脱发,这显然是正常的生理现象。只是随着时间的推移，其中有12％～15％的人发展为青壮年时期的男性型脱发。

头发有一定的寿命，短的几个月，长的3～4年或更长些。每根发都有各自的生长周期，彼此不同，虽然每天有脱落的，但每天也有新生的。青年人头发新生与脱落的数目大致相等，每天80根左右，这是新陈代谢的结果，使大多数青少年人始终保持一头茂盛的头发。因此，如果我们感觉到每天有少量的头发脱落，甚至一年中有时会觉得脱落更多些，这纯属生理现象，不必为之烦恼、担心。

186. 为什么有些妇女分娩后会脱发?

据统计，原有一头秀发的女性有35％～45％在分娩后会发生不同程度的脱发。这是什么原因呢?

头发与人体其他组织一样，需要新陈代谢。一般地说，每隔5年，头发便全部更换一次，由于头发的更换是分批分期进行的，所以人们感觉不到它在更换。头发的更换速度与体内激素水平有关，雌激素有利于头发生长。

在妊娠期，雌激素过量地产生，这是自然保证孕妇心情更为安然的一种方式。女性从怀孕约4个月开始，头发处于绝对的最佳状态，生长期毛囊所占比例增多。有人统计，妊娠中、后期过多(＞90％)的头发进入生长期，这意味着"超期服役"的头发增多了，这时的头发显得光洁、浓密、伏贴，极少头垢、头屑。

婴儿出生后，产妇的身体开始恢复原状，体内产生的雌激素开始减少，这种平衡状态的恢复，需2～7个月。

在这期间,休止期毛囊很快就代偿性增多,那些"超期服役"的头发,即妊娠期中那些在正常情况下应该脱落却没有脱落的头发,在产后的第2~7个月内往往要脱落。由于头发脱落的量远远地多于生长的量,所以脱发之多、速度之快,会令产妇感到害怕、焦虑、抑郁,甚至精神崩溃,并进而导致精神性脱发。

产后脱发是一种极为常见的情况,有的产妇生一个孩子后即发生,有的生一个孩子后并不脱发,而再生一个孩子后,却突然大把大把地掉头发。产后脱发是根据脱发的形式和时间来识别的,在形式上与男性型秃发相似,即发际线处脱发,太阳穴处的头发后退,并且整个头上的头发变稀。

产后脱发是一种暂时现象,待新发长出后,脱发也就不治自愈了。产后脱发的女性,首先要保持冷静,经常用手掌按摩、木梳梳头,促进头皮血液循环,以利于头发的新陈代谢,促进新发早日长出。其次不要怕洗头时会掉许多头发而不敢洗头、梳头,其实,这些头发迟早是要掉的,早脱掉枯发便能早长新发。

另外,流产属非正常生育,它不仅像生产一样对全身生理系统是一次很大的冲击,而且对人的心理影响较大,故也会发生脱发,其脱发时间多数在6~8周内开始出现。如进而引起月经期异常、贫血等现象,对头发的影响还会增大。

187. 老年衰老性脱发是怎样的?

《黄帝内经·素问·上古天真论》一书中说:"女子七

岁,肾气盛,齿更发长……四七,筋骨坚,发长极,身体盛壮;五七,阳明脉衰,而始衰、发始堕;六七,三阳脉衰于上,而皆焦,发始白。""丈夫八岁,肾气充……五八,肾气衰,发堕齿槁……八八齿发去。"指出了人一生中,发始长、长极、始堕、始白的大体时间和原因,揭示了头发生长、衰落与人体全身状况,特别是头发生长与肾气、阳明经、三阳经的密切联系,是关于头发生理的最早论述,也可说是头发兴衰的一般规律。

正像长生不老不大现实一样,青春、健美的头发终有不保;中年之后,正常人就会有少量脱发现象。一般顶部头发更易脱落,且男性比女性更多,所以对于55-65岁的中老年人来说,秃顶是正常的生理现象。

对于女性来说,整个成年期,都要经历一样普遍的分布均匀的头发稍稍变得稀疏的过程,在特定的生理时期,如行经、妊娠、生产和绝经等都会出现过多的脱发。

生物学上的更年期,是指由于生育的结束而引起的女性体内的生理变化,女性更年期可能开始于37岁,甚至更早,也可能迟到57岁才开始,难以预料,平均年龄约47岁。当然,从广义上说,更年期这俗语也适用于男性,男女大都在同一时期进入衰退期。

更年期是产生激素的性腺(卵巢、睾丸)功能发生变化,导致激素平衡发生紊乱。许多女性随着卵巢功能的逐渐停止,会产生一种类似男性型秃发的头发脱落,这是由于激素平衡暂时转变为雄激素较多所引起的。更年期越短,就会发现脱发较快;而对于更年期较长的女性来说,脱发的进程将会比较缓慢。更年期结束后,女性的身体将逐渐获得新的激素平衡,脱发可能将有所恢复,但并非所有脱落的头发都会重新长出来。

头发兴衰有一规律,只是不同的人因体质、疾病、养生等情况不同,在头发兴衰年龄上也有一定差异。目前,由于人们生活水平的提高、保健养生方法的普及等,人类平均寿命明显延长,须发的衰落也必然随之后延。

附　白发的原因与防治

188. 白发有哪些种类?

白发的出现与毛发中的黑素小体减少、细胞间隙疏松、空气进入以及折光等因素有关,白发可分为生理性白发和病理性白发两大类。

生理性白发一般指老年性白发。

病理性白发可按病因进行分类,主要有遗传性白发、营养代谢性白发、理化性白发和症状性白发等几类。

遗传性白发是由常染色体显性或隐性遗传性疾病引起,主要有早年白发(少白头)、白癜风、斑驳病(局部白化病)、泛发性白化病、成人早老症、结节性硬化症等。

营养代谢性白发也是由常染色体显性或隐性遗传性疾病引起,如苯丙酮尿症、Fanconi 综合征、胱氨酸尿、维生素 B_3(泛酸)缺乏、必需脂肪酸缺乏、蛋白质缺乏、缺铁性贫血等。

理化性白发主要包括药物性白发(二磷酸氯化喹啉、

美芬新、麦酚生等药物引起）、放射性白发（由 X 射线等引起）、紫外线性白发等。

症状性白发主要由一些疾病引起，如自身免疫性疾病（恶性贫血、慢性淋巴细胞性甲状腺炎等）、某些内分泌疾病、局部炎症、斑秃、Horner 综合征等。

189. 少白头的原因有哪些？

少白头即早年白发，又称早老性白发病，是指发生于儿童及青少年的白发或灰发。常呈家族性发病，多为常染色体显性遗传。

不过，引起早年白发的原因还有以下许多种。

（1）营养因素：如果头发中黑素颗粒减少，头发就会变淡、变白。而黑色素颗粒的形成与营养相关，人体营养充足时，黑色素合成就活跃；如果营养不良，黑色素合成就会受到影响，黑素颗粒就减少，头发就逐渐变白。食物中的 B 族维生素如维生素 B_1、维生素 B_2、维生素 B_6、叶酸以及蛋白质、微量元素等，对黑素颗粒的形成有促进作用，如果长期缺乏，就会导致白发。此外，胃肠功能障碍、疾病等导致相关营养素吸收，也会引起早年白发。

（2）精神因素：长期精神紧张、抑郁或应激状态、受刺激等，会引起血液循环障碍，影响黑素颗粒的形成，导致白发。而出现白发后愁眉苦脸、焦虑烦躁，更会加重白发进展，形成恶性循环。尤其是青少年学业压力、父母期望、周边攀比等，造成精神压力增大，早年白发发病随之增加。

（3）慢性疾病：有些慢性病会导致早年白发的发生、发展，如结核病、恶性贫血、甲状腺功能亢进症、自主神经功能紊乱、内分泌障碍等。

190. 少白头如何防治？

青少年朋友对发生早年白发，首先不要焦虑，应保持心态平静，情绪开朗，正常生活起居、学习、运动，因为早年白发并不意味着未老先衰。

在饮食上要注意调整，尽量多吃五谷杂粮、豆类、蔬菜、水果等富含维生素、微量元素的食物，以及牛奶、禽蛋、水产品等含高蛋白的食物。

若是疾病引起的早年白发，应针对性采取治疗措施。

若是营养因素、精神因素引起的早年白发，可采取如下措施防治。

（1）饮食疗法：早年白发者除了丰富饮食、增加营养外，在饮食上可以重点进食富含 B 族维生素尤其是维生素 B_6 的食物，如花生、鸡蛋、香蕉等，或直接补充口服维生素 B_6。还可以参见本书"哪些药粥能乌黑头发"，选择药粥乌发。

（2）按摩疗法：坚持按摩头皮可增强头皮血液循环，促进黑素颗粒的形成，刺激头发生长，有乌黑头发的作用。可以在每天早上起床前和晚上临睡前，用示指和中指在头皮上按揉头发，从前额到后枕部、从前额经太阳穴到后枕部，每次按揉 3～5 分钟，持之以恒。

（3）中医疗法：中医古籍对治疗早年白发方法记载颇

多，中成药可服用七宝美髯丹、首乌片、桑椹膏；外治方如"梧桐子，捣汁。涂汁，必生黑发""乌韭，烧灰，沐头发，令长黑""麻叶一握，麻子五升，捣和浸三日，去滓沐发"（《重刊万方类纂》），"白蜜、梧桐子研末，调匀。拔去白发，以白蜜涂毛孔中，即生黑者。发不生，取梧桐子捣汁涂上，必生黑发"（《肘后方》），"黑椹，水渍之。用之频沐发，即黑。亦可涂之"（《外台秘要》）等。

191. 中老年人的白发如何处理？

有的老年人年过八旬仍头发乌黑，但不少人年过半百就头发稀疏、泛白。除了疾病引起的白发之外，其实老年白发是正常的生理现象，随着年龄的增长，毛发中的酪氨酸酶活性逐渐减退，毛乳头中黑素细胞生成的黑素也逐渐减少，毛发就泛白了。

既然是自然的生理现象，中老年人出现白发可以顺其自然，不予理睬，保持心态平和、乐观开朗即可。当然，为了美观、形象，可以采取染发的方式改善白发状况，也可以选择佩戴假发。

此外，有白发趋势的中老年人可以通过饮食调理或头发护理来减缓。饮食上可以多进食黑色食品，如黑米、黑芝麻、黑大豆、黑木耳、乌鸡等；可以在中医师的指导下服用滋阴、养血、补肝肾的中成药（如七宝美髯丹、首乌片、桑椹膏等）或经常自我按摩头皮，对促进头部血液循环、延缓头发老化、防治白发会有一定作用。还可以选用本书介绍的乌发生发洗浴方进行洗浴疗法。